吉林工程技术师范学院学术著作出版专项资助出版

三维数据智能处理

刘晓妮　著

U0322954

中国纺织出版社有限公司

内 容 提 要

本书从三维数据的产生背景及意义出发，介绍了超像素与超体素的概念、原理及其生成方法。详细阐述了识别与聚类的基本原理，并介绍了多种先进的识别方法，包括基于核的三维模糊C均值聚类、基于超体素几何特征的三维点云场景识别以及基于视觉显著图的RGB-D数据识别等。对基于统计信息内容、视图投影、函数变换以及多特征融合的特征提取方法进行了详细探讨，为三维数据的进一步处理与分析提供了坚实的基础。还结合当前研究热点，介绍了基于FCM和离散正则化的多目标图像识别、基于特征点检测的三维网格聚类识别算法、基于显著性分析和VCCS的三维点云超体素分割方法以及基于局部特征描述的复杂三维点云场景目标检索方法等前沿技术。本书旨在系统总结并深入探讨当前三维数据处理与分析的最新研究成果与技术方法，为相关领域的研究人员、工程师及学生提供一本全面而深入的参考书。

图书在版编目（CIP）数据

三维数据智能处理 / 刘晓妮 著 . -- 北京：中国纺织出版社有限公司，2024. 11. -- ISBN 978-7-5229-2253-9

Ⅰ. TP274

中国国家版本馆 CIP 数据核字第 2024F905H6 号

责任编辑：史 岩　　责任校对：王花妮　　责任印制：储志伟

中国纺织出版社有限公司出版发行

地址：北京市朝阳区百子湾东里A407号楼　　邮政编码：100124

销售电话：010—67004422　　传真：010—87155801

http://www.c-textilep.com

中国纺织出版社天猫旗舰店

官方微博 http://weibo.com/2119887771

天津千鹤文化传播有限公司印刷　　各地新华书店经销

2024年11月第1版第1次印刷

开本：710×1000　1/16　印张：12.25

字数：220千字　定价：99.90元

前　言

随着科技的飞速发展，三维数据处理与分析技术在计算机视觉、机器人导航、虚拟现实及增强现实等多个领域展现出了广泛的应用前景与深远的研究价值。本书旨在系统总结并深入探讨当前三维数据处理与分析的最新研究成果与技术方法，为相关领域的研究人员、工程师及学生提供一本内容全面而深入的参考书。

三维数据，作为现实世界复杂性的直接映射，其处理与分析不仅要求高效的数据表示与存储策略，还需要精确的特征提取与识别技术。本书从三维数据的产生背景及意义出发，首先介绍了超像素与超体素的概念、原理及其生成方法。这两种技术通过将图像或三维空间中的像素或体素组合成更有意义的区域，极大地简化了后续处理流程，提高了数据处理效率。

在三维数据识别方面，本书介绍了多种先进的识别方法，包括基于核的三维模糊 C 均值聚类、基于超体素几何特征的三维点云场景识别以及基于视觉显著图的 RGB-D 数据识别等。这些方法不仅在理论上具有创新性，在实际应用中更展现出了强大的处理能力与鲁棒性。

特征提取是三维数据处理与分析中的关键环节。本书在第三章中，对基于统计信息内容、视图投影、函数变换及多特征融合的特征提取方法进行了详细探讨，为三维数据的进一步处理与分析奠定了坚实的基础。

此外，本书还结合当前的研究热点，介绍了基于 FCM 和离散正则化的多目标图像识别、基于特征点检测的三维网格聚类识别算法、基于显著性分析和 VCCS（Volume-Constrained Connected Comporments Segmentation）的三维点云超体素分割方法以及基于局部特征描述的复杂三维点云场景目标检索方法等前沿技术。这些研究不仅丰富了三维数据处理与分析的理论体系，也为解决实际问题提供了有力的技术支持。

在撰写本书的过程中，力求做到内容全面、条理清晰、深入浅出。每一章节都围绕三维数据处理与分析的某个核心问题展开，通过理论阐述、方法介绍及案例分析相结合的方式，使读者能够深刻理解并掌握相关技术的精髓。同时，也注重引入最新的研究成果与进展，确保本书内容的时效性与前沿性。

最后，要感谢所有为三维数据处理与分析领域作出贡献的研究者与实践者。正是有了他们的不懈努力与探索，才使这一领域取得了如此丰硕的成果。期待本书的出版能够为推动三维数据处理与分析技术的发展贡献一份力量，并为读者带来有益的启示与帮助。

在未来的研究工作中，我将继续关注三维数据处理与分析领域的最新动态，不断探索新的技术与方法，为推动该领域的持续发展贡献智慧与力量。

刘晓妮

2024 年 7 月

目　录

第1章　三维数据

　　以认知心理学的基石为出发点，我们探讨了基于识别的三维数据特征描述理念。在心理学与心理物理学的广泛研究中，已有显著证据表明，人类在面对复杂场景时，往往先通过初步识别，随后对关键特征进行细致的辨识与检索。本论文专注于超体素技术在三维数据识别中的关键应用，并针对此领域提出了兼具理论深度与实用价值的创新方法。这些方法不仅为三维数据的精确识别提供了新途径，也为相关领域的研究提供了宝贵的参考与启示。

1.1　三维数据产生的背景及意义

　　在现代互联网与计算机技术深度融合的时代背景下，图形图像识别技术历经数十载的深入探索与优化，取得了显著的发展与进步。这一技术，源自计算机科学、应用数学及计算机视觉等多学科的交叉融合，通过运用数学理论、数字媒体处理及计算机视觉等先进技术，对海量的图形图像数据进行深入分析与高效处理，以满足现代生产生活的多样化需求。目前，该技术已广泛应用于医学图像分析、三维计算机动画、智能人机交互、虚拟现实体验及计算模拟可视化等多个前沿领域，展现出其强大的应用潜力和实用价值。

　　随着计算机科学与应用数学理论的不断发展，人类不仅通过图像来接收和反馈外界信息，还日益依赖图像对人类视觉特性的影响来感知外部环境。因此，图像已成为人类与外界沟通的关键桥梁。图像识别作为图像处理的核心技术，其过程是将图像中的像素聚类成既有目标边界又有感知意义的区域，对后续视觉任务的输入质量具有决定性影响，从而凸显了图像识别在计算机图形学中的重要地位。

　　在图像处理中，由于图像质量、内容和大小等因素的限制，计算机难以精准地提取图像中的目标区域，达到人眼视觉感知的识别效果。因此，为了提升图像识别的精准度，必须结合高层次的数学理论知识，对现有的图像识别技术进行深入的研究。

三维数据识别作为图形图像识别的重要分支，旨在根据特定的应用需求，将逻辑上统一的三维数据分割为独立且不相连的子单元，以便重构、重组和恢复，从而提高索引创建和顺序扫描的效率。随着二维图像识别在纯几何分析方面的饱和及数学模型知识的完善，从更高层次的形状结构分析出发，对三维数据进行识别已成为新的研究趋势。如何在确保识别效率的同时，获得精确且高效的识别结果，并提取高层次语义信息，是当前三维数据识别技术面临的挑战。

超体素作为一种通过无监督学习将图结构识别为相互感知且相似的体素区域的预处理步骤，在识别算法中得到了广泛应用。该方法通过最小化信息损失，有效地减少了后续计算中必须考虑的识别区域数量。近年来，随着对图像中高级信息的关注，语义识别方法开始利用高级目标知识解决目标边界歧义的问题，进而推动了三维模型显著性检测的发展。三维模型的显著性检测旨在自然图像中识别出与周围相比更为突出的兴趣区域，随着电子产业的蓬勃发展，已成为三维研究中的基础问题。为了提升预测精度，研究者们开始考虑深度信息来模拟立体图像的视觉显著性。

尽管三维数据模型的拓扑信息、连通关系和语义结构比二维图像更为复杂，但处理二维图像和三维模型的共同目标是将复杂问题简化，通过简单操作深入理解数据本质。本书围绕三维数据识别，基于超体素技术，利用视觉特性对体素和超体素进行特征提取与相似性计算。针对体数据识别、三维点云识别和 RGB-D 数据识别三种不同形式的三维数据，相关人员进行了深入探究，实现了将封闭三维体数据、点云密度变化的三维点云场景和多样的 RGB-D 数据识别为相互连通、数量确定且易于提取的三维数据子块的过程，并通过实验验证了该方法的有效性。

在特征提取的过程中，统计信息内容对于计算三维模型复杂的形状属性和不同的拓扑结构至关重要。这些属性包括顶点坐标、由任意三点构成的三角形区域面积、顶点和曲面的正态分布等。通过数学计算和统计，将这些信息转换为模型特征，分为全局特征和局部特征两类进行详细介绍。全局特征通过编码整个三维目标的几何特性来构成，如几何三维矩算法、形状分布算法、球形函数方法等。其中，形状分布算法通过形状函数测量三维模型的几何属性，并统计计算形状函数的概率，用分布直方图表示形状特征，为三维数据识别提供了有力的技术支持。

柳伟将高斯图像理论进一步延伸，形成扩展高斯图像（Extended Gaussian Image，EGI），并将其作为基础，在一个模型中计算其三角区域的面积，以及各区域法线方向之间的倾斜程度，最终以直方图的形式表现出来。对于曲面模型，王洪申（2015）等提出了距离—曲率形状分布这一概念，在这个概念的基础上进行特征提取，同时为了实现算法的高效性，将三维结构映射到二维直方图中，使计算时间得到缩短。蒋立军考虑了另一种统计特征，即三维模型的三角区域面积分布。张开兴（2020）等提出了用距离之间的差异程度度量分布特征的算法。

上述算法都是通过计算三维模型复杂的形状属性实现特征提取的。另外可以通过描述三维模型不同的拓扑结构来获取特征，这种方式获得的特征一般由拓扑结构（Reeb 图）及其扩展形式展示，特别对三维模型中的还原完善非刚体问题实验结果较为显著。李朋杰将词袋与扩展 Reeb 图相结合，提出了一种改进的新算法。

在三维数据识别中，全局特征通过整合点云中所有点的信息，以整体视角描述目标的几何属性，并简化为唯一的特征向量。尽管这类特征易于实现且被广泛应用，但其在捕捉细节和模型局部特征方面存在不足，且对目标的完整性、遮挡和杂波背景干扰敏感，因此在单独使用时存在局限性。

相较于全局特征，局部特征聚焦于特征点及其邻域内的特定属性，如顶点数据、正态分布和投影统计等，以捕捉顶点的详细特征描述。这类特征对遮挡和杂波背景具有鲁棒性，因此在处理部分可见物体时表现优异。局部特征在距离图像配准、三维模型处理、场景还原、模型识别与检索，以及物体分类与识别等领域有着广泛的应用。

局部特征描述符可根据是否采用局部参考系（Local Reference Frame，LRF）进行分类。在此，本书重点探讨不使用 LRF 的特征描述符。这类描述符通常通过直方图或局部几何特性信息（如法线和曲率）来构建。例如，Splash 特征通过分析特征点与邻域点法向间的关系，将其编码为三维向量和曲率、扭转角度信息。结合深度值、表面法向、形状索引等生成直方图，并通过实验表明了表面法向和形状索引具有较高的区分度。表面标记（Surface Signature）特征将表面曲率信息编码为二维直方图，适用于尺度转换和三维场景中的目标识别。局部表面面片（Local Surface Patch，LSP）特征则结合了形状索引和邻域点法向的绝对偏差。Thrift 特征则通过计算特征点与邻域点法向间绝对偏差角度的加权直方图实现。对于三维目标识别中的局部表面特征优化问题，提出了可视化维度局部形状描述符（Visual Dimension Local Shape lesuriptor，VD-LSD），该描述符通过提取点云中每点的不变属性（如位置、方向和色散）和构建特征点邻近点属性的直方图来形成。然而，针对特定目标选择 VD-LSD 的最优子集是一项耗时的工作。二维形状上下文特征提出了内部形状上下文（Internal Shape Context，ISC），该元描述符能够定义任何光度或几何表面领域，但由于在形成直方图时忽略了大部分三维空间信息，因此其描述性在缺乏 LRF 时受到一定限制。

1.2　超像素

超像素，作为一种图像分割的基本单元，指的是一组在强度、颜色等属性上相似且相互连接的像素集合。从原理上讲，我们可以将超像素的生成过程视为一种从原始二维图像到超像素图像的转换，其中原始图像位于上方，而经过超像素分割后的图像则位于下方。

在二维图像处理领域，图像的超像素分割已成为一项关键技术，众多先进方法也已得到广泛应用。这些方法包括但不限于基于线性迭代聚类算法（SLIC），基于曲线演化理论的 Turbopixel 方法，以及基于归一化图像分割（Normalized Cut）技术的超像素生成方法。此外，还有基于贪婪策略的超像素识别技术，以及基于能量最小化框架的超像素分割方法。这些方法各具特色，为图像处理的超像素分割提供了多样化的选择。

在图像处理与计算机视觉领域中，超像素是一个至关重要的概念。简而言之，超像素是一种图像识别技术，它将像素组织成有意义的、感知一致的原子区域，这些区域被称为超像素。与传统的基于像素的图像处理方法相比，超像素提供了更高层次的图像表示，有助于降低计算复杂度，同时保留重要的图像结构信息。

在三维数据领域，超像素的概念同样适用。它不局限于二维图像，还能扩展到三维空间中的点云、体素等数据。三维超像素不仅具有二维超像素的优点，还能更好地处理三维数据的复杂性和多样性。

1.2.1 产生背景和历史发展

超像素概念的产生，源于对图像识别技术的不断探索和优化。在早期的图像处理中，人们通常使用基于像素的方法来处理图像，但这种方法在处理复杂图像时往往效率低下，且难以保留图像的重要结构信息。为了解决这个问题，研究者们开始探索基于区域的图像识别方法，超像素技术便应运而生。

随着计算机视觉和图像处理技术的不断发展，超像素技术也得到了长足的进步。从最初的基于图割的方法，到后来的简单线性迭代聚类（SLIC）算法，再到基于深度学习的超像素识别技术，超像素算法在准确性和效率上都有了显著的提升。这些进步不仅推动了图像处理技术的发展，也为三维数据处理提供了新的思路和方法。

1.2.2 超像素原理阐述

超像素的生成原理主要基于图像的局部相似性和感知一致性。在生成超像素的过程中，算法会考虑像素之间的颜色、亮度、纹理等特征，将具有相似特征的像素聚集在一起形成超像素。这种基于局部相似性的识别方法，能够保留图像的重要结构信息，同时降低计算复杂度。

在三维数据中，超像素的生成原理同样适用。不过，由于三维数据具有更高的复杂性和多样性，因此需要采用更为复杂的算法来生成超像素。例如，在点云数据中，可以采用基于密度的聚类算法来生成超像素；在体素数据中，可以采用基于体素特征的识别算法来生成超像素。这些算法能够充分考虑三维数据的特性，生成更加准确和有效的超像素。

在超像素的生成过程中，还需要注意一些关键问题。例如，如何选择合适的超像素数量，如何保证超像素之间的边界平滑，如何避免超像素的过度识别或欠识别，这些问题都需要在算法设计中进行充分考虑和优化。

1.2.3 超像素生成方法

近年来，有许多识别算法都选择将超像素或超体素的过度识别作为整体算法的预处理步骤。将图像通过识别生成超像素的方法，大致可分为以下两类。

（1）基于图的超像素方法

基于图的超像素方法类似基于图的全识别方法，将图中的每个像素视为一个节点，并通过边连接与其相邻的像素，边权重被用来表征像素之间的相似性，同时通过在图上最小化成本函数对超像素标签求解。通过跨越边界图像水平和垂直地寻找最佳路径，来产生符合规则晶格结构的超像素，它是通过使用图割或动态编程的方法来实现的，该方法试图将路径中的边和节点成本最小化，虽然这种方法确实具有在规则网格中生成超像素的优点，但它牺牲了边界的依从性，并严重依赖预先计算的边界图像质量。Turbo pixels 方法使用基于水平集的几何流算法，并执行紧凑约束以确保超像素具有规则的形状，不足之处是它在许多应用中运行太慢，虽然图像大小的复杂度是线性的，但实际上，在显示屏像素大小图像上的运行时间超过 10 秒。

从通常意义上讲，人类不单单通过图像来接收及反馈外界信息，而且逐步利用图像对人类视觉特性的冲击来感知外部环境，因此，图像已经日益成为人类与外界相互"沟通"的重要工具。图像识别是图像处理中的一项关键技术，识别是指将图像中的像素分组为既符合目标边界又具有感知意义的区域，由于图像识别的结果将作为后续视觉任务的输入，势必会对识别或检索的精良程度产生必然影响，所以人们逐渐意识到图像识别方法是计算机图形学的重中之重。由于计算机在图像处理过程中，势必要受到图像质量、图像内容和图像大小等因素的制约，因而通常不能够准确地提取图像中的目标区域，所以要让计算机获取人眼视觉感知的识别图像结果是很困难的。因此，为了得到符合更高精良标准的图像识别结果，需要将现有的图像识别技术与高层次的数学理论知识相结合，进行广泛而深入的研究。

三维数据识别是图形图像识别处理的重要内容之一。从广义上来讲，三维数据识别是指根据不同的应用问题背景和要求，将逻辑上整体统一的三维数据识别成个数确定且互相不连接的子单元问题，以便重构、重组和恢复，有效地提高了创建索引和顺序扫描的效率。随着人们单一地从纯几何分析角度研究二维图像识别逐渐饱和，加之数学模型相关知识的完善，使得从更高层次的形状结构分析出发，对三维数据进行识别成为一种新的可能。因此，如何在提高识别效率的前提下，既能快速地获取正确的识别结果，又能保证识别结果的精良性，并在此过程中还能完整地提取该结果的高层次语义信息等，都成为三维数据识别技术方面亟待解决和突破的课题。

将一个图结构通过无监督过识别为相互感知且相似的体素区域，这个区域被称为超体素，它是识别算法中广泛使用的预处理步骤。超体素方法通过信息损失最小有效减少了识别区域的数量，而这些数量是后续必须考虑且耗时更多计算才能得到的。起初，人们只考虑图像中的低级信息，但近年来的语义识别方法开始关注图像中的高级信息，并利用高级目标知识解决了目标边界歧义的问题。由此，对三维模型的显著性检测也应运而生，随着电子产业的日益发展，三维模型的显著性检测越来越成为三维研究中最基本的问题之一，其目的是在自然图像中寻找与其邻居相比较为突出的兴趣区域。现有的视觉显著性检测方法主要涉及二维图像，这些模型通过手工制作的低级特征，如亮度、颜色、对比度和纹理，来估计彩色图像的显著性，这些特征没有利用深度线索，因此，传统的二维显著性检测模型无法准确预测人们在三维场景中的视角，为了提高预测精度，一些研究学者通过考虑深度信息来模拟立体图像的视觉显著性。

（2）梯度上升法

近些年提出了一种快速的超像素生成方法，即 SLIC，这是一种迭代梯度上升算法，它使用局部 k 均值聚类方法有效地寻找超像素，将像素聚类在颜色和像素位置的五维空间中。深度自适应超像素（Depth-Adaptive SuperPixel，DASP）扩展了这个想法，基于深度图像，利用深度和点法线角度这两个附加维度扩展聚类空间，但由于 DASP 没有明确考虑三维连通性或几何流，即使它具有高效性且获得了有价值的结果，但没有充分使用 RGB-D 数据，仍然保

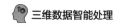

留在 2.5 维方法的类别中。

超像素方法通过引入一个低级预处理步骤，将图像从像素层面转换为超像素构成，即相对于像素相比较小的区域，其边界与场景中的语义实体边界保持一致，通过减少数十万，乃至数百万个要标记的元素数量，实现了算法识别速度的提升。例如，一种用于非彩色三角形网格的识别算法产生的分段由作者定义的超级平面调用，类似其他 k 均值聚类（k-means）算法，如 SLIC 算法，可以细分为三个高级步骤：

①初始化；

②分段中心的更新；

③三角形网格分类。

其中，步骤②和③迭代进行直至收敛阈值，该算法提出了三种初始化方法。第一种初始化方法是迭代的最远点策略，第一区域中心位于三角形，其质心最接近整个网格的质心，再将每个后续中心添加到具有最大欧几里得距离的三角形处，到达最近的已放置中心；第二种初始化方法是从最接近网格质心的三角形开始，执行分类步骤，直到正在处理的三角形与初始种子的距离大于用户定义的参数，超过此距离时，此三角形用于开始新区域；第三种初始化方法是基于期望的半径将嵌入网格的三维空间细分为常规三维网格，当所有三角形都被分配给某个超面时，对每个超面计算属于该超面的所有三角形质心的欧几里得面积的加权平均值，然后将新中心指定为最接近所述平均值的三角形。如果没有中心改变，则算法终止；否则，执行分类步骤，即对于每个三角形，计算沿着网格的面图到最近的超中心的最短路径距离。该过程中使用的距离度量是近似测地距离和两个相邻三角形的共享边缘处的归一化二面角的加权和，该因子在凹陷的情况下增加距离。

法尔·斯卡（A.Fabijanska，2014）提出的方法旨在将体数据划分为块，其他方法则使用超体素技术处理感兴趣体素（Voxel Of Interest，VOI）而非图像的整个体素。塔斯莉（H. E. Tasli，2015）提出将凸度作为超体素提取的一种度量。安卓斯（B. Andres，2012）提出了一种将超体素与聚类方法相结合的算法，以提取统计特征。夫库·贝尔斯（A. Foncubierta，2013）也处理了同样的问题，它旨在根据超像素算法的位移，确定感兴趣区域，其优点是不仅适用于三维，也适用于一至 N 维。

帕邦（J. Papon，2013）提出了一种将点云识别成超体素的方法，该方法被命名为体素云连通性识别方法（Voxel Cloud Connectivity Segmentation，VCCS）。该方法基于 k-means 聚类，这是最初将 SLIC 中的思想应用于红绿蓝图像（RGB 图像）生成超像素的最流行方法之一。为了正确实现初始化超体素，算法首先选择多个种子点，即将点云空间划分为体素化网格，该网格中的单元格 R_{seed} 明显大于点云空间 R_{voxel}。通过选择最靠近每个种子体素中心的体素来确定初始的种子点候选者，然后种子被移动到搜索体积内的连接体素，该搜索体积具有最小梯度，其值为查询体素与 CIELaB 颜色空间中的相邻体素之间的平均绝对差。一旦选择了种子点体素，通过在特征空间中找到种子体素的中心，并且在两个体素内连接的邻居来初始化超体素特征向量。然后，将 VCCS 超体素检测为 39 维特征空间中的聚类，其中特征向量由以下元素组成：空间坐标 x，y 和 z、CIELab 空间中的颜色和 FPFH 特征的 33 个元素。此特征空间中的距离定义为：

$$D = \sqrt{\frac{\lambda D_c^{\,2}}{m^2} + \frac{\mu D_s^{\,2}}{3R_{seed}^{\,2}} + \varepsilon D_f^{\,2}} \qquad (1\text{-}1)$$

其中，D_c 是 CIELab 空间中的欧氏距离，m 是归一化常数，D_s 是点云三维空间中的欧氏距离，D_f 是使用直方图交点核计算的，常数 λ、μ、ε 分别控制颜色、空间距离和几何相似性在聚类中的影响。使用本地 k 均值聚类来执行聚类，在将像素分配给聚类时考虑连通性和流动的显著差异，从最接近聚类中心的体素开始，对其所有相邻体素，计算到超体素中心的距离 D，如果距离是该体素已经获取的最小距离，则设置其标签并将其远离中心的邻域元素添加到该标签的搜索队列中，然后以相同的方式处理下一个超体素，从而对所有超体素考虑从中心向外的每个级别，并通过迭代的方式，直到达到每个超体素的搜索数量阈值，或者在没有更多的邻域元素需要检查时，使用超体素聚类元素的平均值更新超体素的中心，算法结束。

深度图像（RGB-D 图像）的 SLIC 算法需要有组织的 RGB-D 点云数据，其中 SLIC 算法应用于一个三维标量场，这个标量场是在非像素四面体网格的顶点上定义的。还有一种通过多分辨率表面图可以登记多个彩色点云，此表面图基于八叉树，在所有分辨率八叉树的每个节点中，存储其体积内的点的联合空间和颜色分布统计，该分布所用数据的样本均值和协方差近似，即数据被建模在正常分布的节点体积中。由于该方法旨在从所有视角构建场景和对象的表面，因此可以在节点的体积内包含多个不同的表面，也就是在从几个视图方向可见的节点中维护多个表面。考虑到与表面图参考系轴对齐的六个正交视图方向，当向表面图添加新节点时，其视图方向将与其所属的最相似视图方向的表面相关联。

综上所述，超像素技术是一种重要的图像处理技术，在三维数据处理领域具有重要的应用价值。通过深入了解超像素的明确定义、产生背景和历史发展及生成原理，我们可以更好地掌握这项技术，并将其应用于实际的问题解决中。

1.3　超体素

由于二维图像的空间信息被忽略，因而早期的图像识别方法主要集中在每个像素上，为了弥补这一不足，近年来图像识别与分析的最新趋势都放在图像的超体素，或者图像超体素内的空间信息上，一些基于超体素的方法对图像识别和分析逐步显示出了有效性，这些研究将局部隶属度函数和同质数据均视为超体素。

超体素（Supervoxel）是将二维图像中广泛使用的超像素扩展到三维空间中的一种应用，它能够高效地将一个图通过无监督过识别为相互感知的相似的体素区域，使之成为有意义的三维局部结构，是识别算法中广泛使用的预处理步骤。超体素方法通过信息损失最小有效减少了区域数量，这些区域数量是后续必须考虑且耗时更多计算得到的。本文认为超体素是由多个超体素面片组成的，每个超体素面片是一张二维图像，这里的超体素是指在三维体积中，具有相似强度结构的一组超像素，而"超像素"是具有相似强度或纹理结构面片中的一组相邻像素。

超体素 SV_i 和图像面片 j 之间的交集是超像素 sv_i^j，这里超体素定义如下：

$$SV_i = \{sv_i^j, j = 1, L, |SV_i|\}, i = 1, L, M \qquad (1-2)$$

其中，M 是三维体积中超体素的个数；$|SV_i|$ 是超体素 SV_i 的生命周期；SV_i 的第 j 个超像素是 sv_i^j，由图像面片中的一组像素组成。值得注意的是，每个超体素中的三维数据点是相互连通的，且具有相似的几何特征和光谱特征，不同的超体素可能含有不同的开始、结局和生命周期。

超体素是近年来兴起并迅猛发展的一种新图像预处理技术，该技术通过对体数据局部区域中的体素进行特征描述，将相似或相近的体素聚集起来，以生成局部结构均匀稳定、局部特征一致相似并且具有实际局部意义的子区域。与传统识别技术面对的图形图像基本单位——像素或体素相比，超体素的引入使算法处理的数据规模大大减小，有效降低了后续处理和分析工作的复杂程度；更便于提取目标的局部特征，为后续能够获得正确表达结构信息的目标识别奠定基础；超体素对目标边界的特征描述更为平滑柔和，弥补了像素或体素对边界描述的不足之处，更易于获取精准的目标边界识别。

1.3.1 产生背景和历史发展

超体素（或称三维超像素）技术的产生，源于对更高效、更精确的三维数据处理方法的需求。随着三维数据采集技术的快速发展，如激光雷达、深度相机等设备的普及，获取到的三维数据日益增多。这些数据包含了丰富的空间信息，但处理起来也更为复杂。传统的基于点的处理方法在面对海量三维数据时，效率低下，且难以提取出有意义的结构信息。因此，研究者们开始探索将二维图像中的超像素概念扩展到三维空间，从而引出了超体素的概念。

超体素技术的发展与超像素技术紧密相连。超像素作为二维图像处理中的一项重要技术，自 2003 年提出后便受到了广泛关注和研究。随着技术的不断进步，研究者们开始尝试将这一技术应用到三维数据处理中。

初期，超体素技术主要借鉴了二维超像素的生成方法，如基于图割、聚类等算法。然而，由于三维数据的复杂性，这些方法在直接应用到三维空间时面临着诸多挑战。因此，研究者们开始针对三维数据的特性，开发出一系列新的

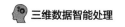

超体素生成算法。

近年来，随着深度学习和机器学习技术的兴起，超体素技术也迎来了新的发展机遇。通过引入这些先进技术，超体素的生成质量和效率得到了显著提升。如今，超体素技术已经广泛应用于三维重建、目标检测与识别、场景理解等多个领域。

1.3.2 超体素原理阐述

超体素的生成主要基于三维数据的局部相似性和空间连续性。

根据局部相似性生成超体素时，算法会首先计算每个三维点与周围点的相似性。这种相似性通常基于颜色、纹理、法线等特征进行计算。具有相似特征的点更有可能被归入同一个超体素中。通过这种方法，算法能够有效地将三维空间划分为一系列具有感知一致性的区域。

除了局部相似性，空间连续性也是生成超体素的重要考虑因素。在三维空间中，相邻的点更有可能属于同一个物体或表面。因此，在生成超体素时，算法会倾向于将空间上相邻的点归入同一个超体素中，以保持物体的完整性和连续性。

1.3.3 算法实现

根据以上两个原则，研究者们开发出了多种超体素生成算法。这些算法通常采用迭代的方式，逐步将相似的、空间上相邻的点聚合成超体素。在迭代过程中，算法会不断优化超体素的边界和形状，以更好地适应三维数据的特性。最终生成的超体素不仅具有感知一致性，还能有效地降低后续处理的复杂度。

综上所述，超体素技术通过利用三维数据的局部相似性和空间连续性，将海量的三维点云数据转化为更具感知意义和结构信息的超体素。这一技术为三维数据处理和分析提供了新的思路和方法，具有广泛的应用前景。

1.4 点云数据

点云数据是一种重要的三维数据表示形式，被广泛用于描述物体的形状、结构和表面特征，对于实现三维场景感知具有关键作用。与传统的二维图像相比，点云数据能够提供更加全面和真实的物体信息，为众多领域——如机器人导航、虚拟现实和地图制作等提供了有力的支持。

本小节主要介绍点云数据的理论知识，涵盖了点云数据的几何属性、特性、采集方式及广泛的应用领域。通过对这些关键概念的阐述，为后续章节的研究工作提供了坚实的理论基础和相关知识的支持。

1.4.1　点云数据的几何属性

点云数据包含了坐标信息及其他附加信息，这些信息使得点云数据具有几何特性和结构特性。在处理点云数据的过程中，如滤波、点云识别等算法通常需要依赖采样点的法向量和曲率等信息进行计算。本章将重点介绍点云数据的几何属性：法向量和曲率。

（1）法向量

法向量表示在三维空间中的每个点所在位置的曲面方向和变化趋势，有助于理解点云数据的局部几何特征，比如点所在曲面的朝向、弯曲程度及表面的平滑度。估计法向量的方法主要包括基于沃罗诺伊图和德劳内三角剖分（Voronoi&Delaunay）的方法和基于局部表面拟合的方法。

①基于 Voronoi/Delaunay 的方法。基于 Voronoi/Delaunay 的方法是一种常用于估计点云法向量的技术。该方法利用点云中的邻近关系和局部几何结构来计算点的法向量。Voronoi 图和 Delaunay 三角网是在点云分析中常用的几何结构，能够有效地表示点云的局部邻域关系。Voronoi 图将空间划分为一组多边形区域，每个区域内的点距离对应区域的中心点的最近距离。Delaunay 三角网则将点云划分为一组三角形，保证了每个三角形内不包含其他点，并且边界上的点在三角形的外接圆上。

基于 Voronoi/Delaunay 的方法估计点云法向量的操作流程如下所述。

第一步，构建 Voronoi 图或 Delaunay 三角网：根据点云数据构建 Voronoi 图或 Delaunay 三角网，将点云数据识别成一组局部区域。

第二步，计算局部法向量：对于每个局部区域，可通过计算区域内点的平均法向量或主成分分析来计算其法向量。在 Voronoi 图中，每个区域的中心可以看作该区域的法向量。在 Delaunay 三角网中，通过计算三角形的法向量来获得区域的法向量。

第三步，插值法向量：对于点云数据中的每个点，根据其所属的局部区域，可以通过插值法向量来估计点的法向量。

基于 Voronoi/Delaunay 的方法可以有效地从点云数据中推断法向量信息，尤其在点云密度较高且分布较均匀的情况下表现出色。这种方法利用点云的局部结构来提取准确的法向量，从而为多种点云分析和处理任务提供了有力的支持。

②基于局部表面拟合的方法。基于局部表面拟合的法向量估计方法的核心思想是：假设点云所代表的曲面在各处都是光滑的，那么根据微分几何的原理，可以对每个点的局部邻域进行拟合，以一个平面来近似表示。这种方法的曲面构建是基于点云的邻域信息，其中点云邻域分为两种主要形式：k 近邻和球形邻域。k 近邻算法是指通过欧氏距离来判断参考点 Q 的邻近点，k 表示参考点 Q 的邻近点个数，k_1，k_2，k_3 分别表示距离参考点 Q 最近的三个点。

球形邻域主要通过点的空间欧式距离来定义半径，其具体思想是以参考点 Q 为中心，以欧式距离 R 为半径，来搜索包含在整个球体内的点云数据。对于球内的点云数据称为点 Q 的邻域点。尽管球形邻域的方法相对简单，但在处理点云数据分布不均匀的情况下，一部分点可能会有较多的邻域点，而另一部分点可能只有很少的邻域点。即使对于相对均匀分布的点云，半径 R 的定义也可能会对邻域的选择产生较大影响，从而导致通过邻域计算的点云特征参数等存在误差。

以 k 近邻算法为例，法向量估计的具体的步骤如下所述。

第一步，对于点云中的每个点 P 及其 k 近邻，假设找到一个平面表示为 $P(n, d)$，其中 n 表示平面的法向量，d 表示平面到坐标原点的距离。

第二步，基于最小二乘原理，目标函数为最小化点 P 及其 k 近邻到拟合平面的距离之和的平方，可表示为下面的优化问题：

$$P(n,d) = \arg\min \sum_{i=1}^{k} (n \cdot p_i - d)^2 \qquad (1\text{-}3)$$

式中：p_i——p 的第 i 个近邻点；

　　　k——邻近点的数量。

第三步，上述问题的最优解可以通过计算公式（1-4）中的协方差矩阵 C 来获得。协方差矩阵 C 可以通过计算邻近点的协方差矩阵的平均值来估计。最小特征值对应的特征向量即为法向量。

$$C = \begin{bmatrix} p_1 - \bar{p} \\ ... \\ p_k - \bar{p} \end{bmatrix}^T \cdot \begin{bmatrix} p_1 - \bar{p} \\ ... \\ p_k - \bar{p} \end{bmatrix} \qquad (1\text{-}4)$$

式中：p_k——p 的第 k 个近邻点；

　　　$\bar{p}$——邻近点的质心。

这种通过局部平面拟合来估计每个点的法向量，能够处理光滑曲面的情况。然而，对于存在噪声或局部变化较大的区域，法向量估计可能会受到影响。

（2）曲率

曲率是指在每个点处曲面的弯曲程度，有助于识别点云数据中的关键特征，如边缘、角点和平坦区域。较大的曲率值通常对应物体的边缘或角点，而较小的曲率值则可能表示物体较为平坦的表面。按照不同的分类，曲率主要划分为两种类别：基本几何特性（包括主曲率、平均曲率与高斯曲率，这种分类关注曲面的基本几何特性，如曲率的方向和变化率）和表面曲率。

①基本几何特性。

主曲率：主曲率描述了曲面在某一点上法向量方向上的曲率，即曲面在该点附近的最大和最小曲率。主曲率的大小和符号可以提供关于曲面凸凹特性的信息，有助于分析表面的局部形状。

平均曲率：平均曲率即为主曲率的平均值。平均曲率可以描述曲面在某一点上整体的弯曲程度，是曲面的一个重要几何属性。

高斯曲率：高斯曲率即为主曲率的乘积。高斯曲率用于测量曲面在某一点上的整体弯曲程度，可用于识别表面是否具有特殊的拓扑特征，如孔洞或拐点。

②表面曲率。表面曲率是指在某个点处测量的曲率值，主要用于描述离散点云的局部几何特征。与主曲率、平均曲率和高斯曲率相比，表面曲率更侧重于分析点云数据中每个点的局部曲率特性，而不涉及整个曲面的全局性质。

在基于局部表面拟合的法向量估计方法中，可以通过计算协方差矩阵的特征值来获得点云数据的表面曲率。这些特征值表示了点沿不同方向的变化程度。具体地，特征值 λ_0 表示沿法向量方向的变化，而 λ_1 和 λ_2 描述了邻域内点在切平面上的分布情况。点 p_i 的曲率 σ 可近似表示这些特征值之间的关系：

$$\sigma = \frac{\lambda_0}{\lambda_0 + \lambda_1 + \lambda_2} \qquad (1\text{-}5)$$

式中：λ_0——协方差矩阵 C_0 的特征值；

λ_1——协方差矩阵 C_1 的特征值；

λ_2——协方差矩阵 C_2 的特征值；

σ——点 p_i 的曲率。

1.4.2 点云数据的特性

点云数据在某种程度上呈现稀疏性、无序性和无结构性等特征。与二维空间的图像相比，三维空间的点云数据最显著的不同之处在于点云数据具有置换不变性和旋转不变性。本章将重点介绍点云数据的两个特征：置换不变性和旋转不变性。

（1）置换不变性

点云数据的置换不变性是指对点云中的点进行重新排列（置换）时，点云的整体结构和特征保持不变，即无论点的顺序如何变化，点云数据的本质信息和特性应该保持一致。如果对每个点的顺序进行调换，整体点云的结构并没有发生改变。

在点云数据的处理中，实现点云数据的置换不变性的方法主要包括以下几种。

池化操作：在深度学习中，可以使用池化操作来捕捉点云数据的全局特征。池化操作将点的邻域信息聚合成一个固定大小的向量，从而将点云数据的结构信息转化为置换不变的特征表示。

基于直方图的描述符：将点云数据中的坐标信息划分成网格，然后计算每个网格单元中点的数量或其他统计信息生成直方图描述符。由于只关注每个网格单元中点的数量，所以描述符不受点的顺序变化的影响。

特征哈希：将点云数据中的每个点映射成一个特定的哈希码，使得相似的点在哈希空间中相近。点的排列变化只会导致哈希码的变化，而不会影响点云数据的结构特性。

局部特征聚合：将某个点及其周围的邻域点信息聚合成一个特征向量，以捕捉该点的局部几何特性。这种方法能够确保无论邻域内点的排列如何，生成的特征向量都保持一致。

全局描述符：使用全局描述符来表示整个点云，如将点云的几何中心和主轴作为全局描述符。该描述符在点的排列变化时保持一致，从而确保了一定程度的置换不变性。

（2）旋转不变性

点云数据的旋转不变性是指点云数据作为一个整体进行某些变换时，不会对其识别和识别结果产生影响，例如旋转和平移操作，因为这些操作不会改变各个点之间的相对位置和特征。在不同角度下，同一物体的点云坐标发生了变化，但不同坐标处的点云数据仍代表同一物体。

在点云数据处理中，实现点云数据的旋转不变性的方法主要包括以下几种。

基于特征的方法：利用点云的特征，如法向量或描述符，来构建旋转不变的表示。这些特征在旋转变换下保持不变，因此可以用于实现旋转不变性。

基于旋转不变的描述符：特定的点云描述符，如轴对称性描述符或旋转不变的直方图，能够在不同旋转角度下保持一致的表示。这些描述符捕捉了点云数据的几何或结构特征，而不受旋转的影响。

局部坐标系：将点云的坐标系定义为点的局部法向量所在的坐标系。在点的局部坐标系下，点云的旋转不会影响点的坐标，从而实现了旋转不变性。

模型对齐：通过将点云与一个参考模型进行对齐，使得点云的特定部分能够对应。这种方法常用于物体配准和匹配任务中，通过模型对齐实现点云数据的旋转不变性。

1.4.3　点云数据的获取方法

随着传感技术、测试技术和计算机技术的不断发展，各种不同的点云数据采集方法也不断涌现。目前，建筑物点云数据的采集技术主要分为两种：基于三维激光扫描仪采集的点云数据和基于图像序列生成的点云数据。而基于图像序列生成的点云数据主要依赖航拍、地面图像及卫星影像等二维数据的处理，从而生成相应的点云数据。

基于三维激光扫描仪的点云数据

三维激光扫描系统由多个关键组件构成，包括三维激光扫描仪、计算机、电源供应系统、支架及相应的系统配套软件。其中，三维激光扫描仪是系统的核心部分，整合了激光测距系统和激光扫描系统，以实现高精度的距离和坐标测量。此外，该扫描仪还包含额外的元件，如 CCD 传感相机、内部控制系统和校正系统，以进一步提升性能和数据准确性。

三维激光扫描仪的工作原理如下：首先，激光脉冲二极管在三维激光扫描仪内发射激光束，形成激光脉冲信号。当激光脉冲信号通过内部旋转棱镜并与目标对象表面交汇时，目标对象将对激光束进行反射。其次，三维激光扫描仪使用接收器接收目标对象反射的激光束，并基于激光脉冲信号的位移信息计算激光发射器与目标对象之间的距离。最后，通过扫描仪内部的编码器，可以解算每个激光发射的水平角度和旋转角度。这些角度信息用于确定激光束的方向，从而获得目标表面的三维坐标信息。此外，三维激光扫描仪采用仪器坐标系，其中原点位于激光光束发射处。Z轴通常指向铅垂方向，向上为正方向。X、Y轴构成的平面与Z轴在原点处构成直角，形成右手坐标系。

在进行扫描时，仪器需要记录每个点的水平角α和竖直角β，根据以下公式（1-6）可以计算出任意被测目标点P的三维坐标：

$$\begin{cases} X = S\cos\theta\sin\alpha \\ Y = S\cos\theta\cos\alpha \\ Z = S\sin\theta \end{cases} \tag{1-6}$$

此外，三维激光扫描仪的类型可以从不同角度进行划分，如扫描距离的范围、搭载仪器的平台及激光测距的原理等。

①扫描距离的范围。根据其扫描距离的不同范围，三维激光扫描仪通常可以分为四类：短距离扫描仪、中距离扫描仪、长距离扫描仪及航空航天扫描仪。

短距离扫描仪主要用于近距离范围内的物体扫描，通常在几米到十几米的范围内工作。由于扫描范围相对有限，这些扫描仪通常具有高精度和细节捕捉能力，能够捕捉物体表面的细微特征。

中距离扫描仪的扫描范围一般在十几米到数十米之间，适用于中等尺寸的物体扫描。这些扫描仪通常具有较高的扫描速度和适中的精度，能够平衡扫描速度和数据质量。

长距离扫描仪具有较大的扫描范围，可以在数十米甚至更远的距离上进行扫描。为了获取准确的远距离扫描数据，这些扫描仪需要具备强大的激光发射和接收能力，并且能够适应复杂的环境条件。

航空航天扫描仪通常安装在航空器或航天器上，主要用于获取地球表面的三维地形数据。这些扫描仪需要具备高度的稳定性和精确性，以应对飞行过程中的振动和不稳定性，从而生成精确的地形模型和地图数据。

②搭载仪器的平台。根据搭载的平台类型，可将三维激光扫描仪分为三类：地面类型、便携式/手持式和机载/星载式。

地面类型（分为固定式和车载式）：固定式激光扫描仪通常安置在一个固定的位置，类似传统全站仪。而车载式激光扫描仪则安装在移动车辆上，使其能够在地面上移动并进行测量，非常适用于大面积区域扫描或移动目标的情况。

便携式/手持式：便携式激光扫描仪被设计成体积小、重量轻、易于携带的设备，可由人手持或放置在移动平台上；手持式激光扫描仪需要用户手动操作，能够在狭小或难以到达的区域进行扫描，如建筑内部的细节、复杂的结构等。

机载/星载式：机载激光扫描仪安装在飞行器上，如无人机或飞机。星载激光扫描仪安装在卫星上，可以从太空中获取地球表面的数据。这种类型的扫描仪适用于获取大范围的地面数据，广泛应用于地形测量、环境监测和灾害评估等领域。

③激光测距的原理。根据激光测距的原理，可将三维激光扫描仪分为三类：脉冲式、相位式和激光三角式。

脉冲式激光扫描仪利用激光脉冲的来回传播时间来测量距离。通过发射短脉冲，并测量光信号的往返时间，可以计算出目标物体与扫描仪之间的距离。脉冲式激光扫描仪通常适用于中长距离测量，其测量精度较高，但在测量速度方面可能相对较慢。

相位式激光扫描仪则根据激光波的相位差来测量距离。通过测量连续的激光波在目标表面的相位变化，可以计算出距离信息。相位式激光扫描仪适用于从近距离到中距离的测量，虽然技术较为复杂，但具备高度精确的测量能力。

激光三角式扫描仪则利用激光光束的三角测量原理来进行距离测量。通过测量激光光束的入射角和反射角，可以计算出距离信息。激光三角式扫描仪适用于相对较短距离的测量，如几米的范围内。为确保测量结果的准确性，需要保障测量数据的完整性。

1.4.4　基于图像序列的点云生成

基于图像的三维重建是指从一幅或多幅图像中恢复场景的三维几何模型，其关键在于如何准确估计输入图像的深度信息。根据输入的视图数量，深度估计方法通常分为单目深度估计、双目立体匹配和多视图立体匹配三种方式。

单目深度估计是一种从单幅输入图像中进行深度估计的方法，其估计的深度信息通常存在尺幅不确定性。双目立体匹配的输入是经过校正的两幅图像，通过图像对之间的像素匹配来估计视差，然后通过相机的焦距和基线参数将视差转化为深度信息。如果要获得较大的深度感知范围，通常需要更大的基线距离，这可能限制了双目立体匹配方法的适用范围。多视图立体匹配的输入是多幅单目图像，通过分析这些图像之间的相似性来预测深度图。与其他方法不同，多视图立体匹配重建的整体精度较高。因此，它被广泛应用于各种场景的三维模型重建中。

多视图三维重建方法分为两类：基于传统方法和基于深度学习的多视图三

维重建。基于传统方法的多视图三维重建通常以一组具有重叠区域的图像作为输入。首先，通过采用结构运动恢复（Structure From Motion，SFM）算法，对相机的位置和姿态进行估计，以生成稀疏的点云数据。接下来，通过多视角立体匹配方法将这些稀疏的点云数据转化为密集的点云或面片模型。基于深度学习的多视图三维重建是一种利用深度神经网络从多个视角的图像中学习和还原三维场景几何结构的技术。通过特征提取、匹配、视差估计和三维重建等步骤，能够自动地生成高质量的三维点云或深度图。接下来，本文将详细介绍基于传统方法的多视图操作流程。传统方法的多视图三维重建主要包括获取图像序列、稀疏点云、稠密点云及结果输出等步骤。

（1）获取图像序列

多视图三维重建系统的输入是一系列具有重叠区域的图像，这些图像捕捉了同一场景中物体在不同视角下的投影。为确保特征点匹配和视差估计的有效性，相机间的基线距离需要保持适度，既不过长以致没有足够的重叠，也不过短以致无法估计空间位置。

（2）稀疏点云生成

在输入图像之后，通过使用 SFM 算法来估计相机的位置和姿态，以生成一个稀疏的三维点云模型。SFM 算法通过分析多幅图像中的特征点（如角点、边缘点）来进行特征匹配。这些特征点在多张图像中被检测和匹配，以确定不同图像之间的对应关系，从而建立相机之间的视觉连接。

（3）稠密点云生成

由于 SFM 算法仅计算特征点的三维空间位置，导致生成的三维点云相对稀疏，难以捕捉细节，因此需要进一步使用多视图立体匹配方法进行估计，以构建更密集的三维点云模型。多视图立体匹配方法通常可以分为四类：基于点云的方法、基于体素的方法、基于曲面演化的方法及基于深度图融合的方法。

基于点云的方法通常从初始的匹配特征点开始，然后通过一些传播策略将深度假设传播到其他像素。在每次迭代的传播过程中，执行假设传播、假设优化及外点滤除等步骤来进行点云稠密化。然而，点云稠密化中的传播过程是按顺序执行的，很难进行并行化，因此在处理大规模场景时，重建效率较低。

基于体素的方法将三维空间均匀地划分为小立方体或四面体，然后采用曲面来描述三维物体，从而将体积匹配问题转化为曲面求解问题。然而，这种方法容易引入离散化误差，且计算过程中需要大量内存，因此适用于较小场景建模。

基于曲面演化的方法通过优化初始曲面，使用数学方程（如参数曲面或隐式曲面方程）来逼近真实物体的外表。然而，在复杂的户外场景中，该算法容易陷入局部解，从而限制了其在复杂场景中的适用性。

基于深度图融合的方法首先获取每个视图的深度图，接着将这些深度图投射到三维空间，最后通过融合操作来生成密集的点云模型。为了估计每个像素的深度值，需要在其他视图中搜索与当前像素对应的匹配像素。一种简单但计算成本高的方法是对整个图像进行全局搜索，以找到最相似的点，而另一种更有效的方法是基于局部相似性假设，通过比较图像块之间的相似性来降低计算复杂度。

（4）结果输出

多视图三维重建系统的输出形式取决于所采用的算法。基于点云的算法直接生成三维点云模型，而基于体素或曲面演变的算法会首先生成函数表示，然后将其转化为面片模型。相对而言，基于深度估计的算法须首先获取深度图，然后将这些信息融合为一个统一的点云或面片模型。

1.4.5 三维点云数据的应用

随着三维点云数据获取技术的快速发展，这种数据已经逐渐渗透到人们的日常生活中。无论是在与人们生活息息相关的影视游戏领域，还是在逆向工程、自主导航等领域，三维点云数据凭借其精确的几何属性和逼真的视觉效果已在这些领域占据了一席之地。在虚拟现实、医学诊断及文物保护等领域，三维点云数据更是具有重要的地位，发挥着关键作用。

（1）逆向工程

在逆向工程领域，三维点云数据被广泛应用于将实际物体转化为数字模型，以实现产品设计、分析和制造等目标。三维点云数据在逆向工程中的具体应用有以下几种。

①快速数据捕捉：快速数据捕捉利用三维扫描测距技术，能够快速地捕捉

实际物体的形状和几何特征。通过将物体扫描为三维点云数据，可以更准确地捕捉到物体的复杂曲面、细节和结构，从而为逆向工程提供高质量的输入数据。

②零件设计和重建：借助三维点云数据，工程师可以在计算机中重建实际零件的数字模型。这个数字模型可以作为设计和分析的基础，帮助优化产品的外观、性能和功能。工程师可以对点云数据进行处理、拟合曲面，从而创建完整的三维模型。

③反向工程：三维点云数据可以帮助从现有零件、模具或产品中提取几何数据。通过逆向工程，可以准确地重现物体的几何形状和结构。

④CAD建模：三维点云数据可以用作计算机辅助设计（CAD）软件的输入，从而创建数字模型。工程师可以将点云数据导入CAD软件并进行曲面拟合、细节调整和设计修改，以生成精确的数字模型。

⑤维护和修复：对于老旧设备或产品，三维点云数据可以用于维护和修复。通过扫描捕捉到的点云数据，可以快速制作替代零件、修复受损的部分，并保持设备或产品的正常运行。

（2）自主导航

在自主导航领域，三维点云数据被广泛应用于构建环境地图、障碍物检测和路径规划等任务，从而帮助自主系统实现在复杂环境中的智能导航。三维点云数据在自主导航中的具体应用有以下几种。

①环境感知和地图构建：自主导航系统需要了解其周围环境，以便准确地感知道路、障碍物和地标。通过使用激光雷达等传感器获取三维点云数据，系统可以构建高精度的环境地图，其中包括道路、建筑物、树木等物体的几何信息。

②障碍物检测和避障：通过分析三维点云数据，自主导航系统可以识别并定位道路上的障碍物，如车辆、行人、建筑物等。这有助于规划安全的路径并避免与障碍物发生碰撞。

③路径规划和导航：基于三维地图和环境信息，自主导航系统可以进行路径规划，选择适当的路径来到达目的地。三维点云数据提供了详细的地理和几何信息，可以帮助系统躲避障碍物。

④定位和导航更新：三维点云数据可以用于实时定位和导航更新。自主导航系统可以根据实时获取的三维点云数据，精确定位自身位置，并在导航过程中根据环境变化进行更新。

⑤3D感知和场景理解：三维点云数据提供了几何信息，可以用其计算物体的高度、形状和相对位置等信息。这使得自主导航系统能够更全面地理解周围环境，从而做出更准确的导航决策。

（3）虚拟现实

在虚拟现实领域，三维点云数据具有广泛的应用，能够提升虚拟环境的逼真程度和交互性。三维点云数据在虚拟现实中的具体应用有以下几种。

①环境建模与场景重建：通过使用三维点云数据，可以构建逼真的虚拟环境和场景。将现实世界中的物体、建筑物、景观等扫描为三维点云数据，然后将其转化为虚拟世界的模型，使用户能够在虚拟现实中感受到真实的环境。

②虚拟人物和角色建模：利用三维点云数据，可以为虚拟现实中的角色和人物创建逼真的外貌和动作。通过扫描真实人体，可以生成三维模型，使得虚拟人物的外貌和表现更加真实。

③虚拟培训和模拟：基于三维点云数据，可以开发虚拟培训和模拟环境，如飞行模拟器、医学手术培训等。这些环境允许用户以安全、低成本的方式进行复杂任务的模拟和练习。

④娱乐与游戏：游戏和娱乐领域可以利用三维点云数据创建更具沉浸感的游戏场景。通过将实际环境的点云数据转化为虚拟世界，游戏可以提供更真实的、更身临其境的体验。

⑤虚拟交互和控制：利用三维点云数据，虚拟现实中的交互和控制变得更加自然和直观。用户可以使用手势、头部运动等方式与虚拟环境进行互动，获得更佳的沉浸式体验。

（4）医学诊断

在医学诊断领域，三维点云数据具有广泛的应用，通过获取物体表面大量的三维坐标点，为医学影像学、疾病诊断和治疗规划等方面提供了重要的信息。三维点云数据在医学诊断中的具体应用有以下几种。

①医学影像重建与可视化：将多张医学影像的二维切片数据转换为三维点

云数据，可以为医生提供更准确、更全面的解剖结构信息。这有助于准确地观察和分析器官、组织或病变区域的立体形态，为疾病诊断提供更详细的信息。

②病变定位与分析：三维点云数据可以用于定位病变区域，如肿瘤或其他异常组织。医生可以通过与周围正常组织的比较，更准确地确定病变的位置、大小和形态特征，有助于制订治疗计划。

③手术规划与模拟：在外科手术开始前，医生可以利用三维点云数据进行手术规划。通过模拟手术过程，医生可以更好地理解解剖关系、预测潜在风险，以及选择最佳的手术路径和操作策略。

④治疗响应监测：三维点云数据可以用于监测患者的治疗响应。在治疗过程中，医生可以通过比较连续的三维点云数据，观察病变区域的变化，评估治疗的有效性，并及时进行调整。

⑤医学研究与创新：三维点云数据在医学研究中有广泛应用。研究人员可以利用这些数据分析病理变化、研究疾病机制，甚至设计新的治疗方法和医疗器械。

（5）文物保护

在文物保护领域，三维点云数据发挥着重要的作用，可以用于记录、保护和研究珍贵的文化遗产。三维点云数据在文物保护中的具体应用有以下几种。

①数字化保存和档案建立：通过三维扫描技术获取文物的三维点云数据，可以精确地记录文物的几何信息和细节。这有助于数字化保存文物，建立电子档案，以防止文物随时间逐渐腐化或受损。

②修复和保护规划：三维点云数据能够为文物保护专家提供详细的现状信息，包括损伤程度、裂缝、缺失等。这使专家能够更准确地制订修复和保护计划，采取适当的措施来修复和保护文物。

③虚拟展览和研究：利用三维点云数据，可以创建文物的虚拟展览和数字化展示。它允许人们远程欣赏文物的细节，进行虚拟游览，同时为研究人员提供了研究、分析文物的机会。

④损伤监测和防治：通过定期获取文物的三维点云数据，可以监测文物是否发生损伤或变化。这有助于文物保护专家及时发现问题，并采取措施防止进一步损害。

⑤数字化重建和模拟：三维点云数据可用于重建文物的数字化模型，使得文物在虚拟环境中得以再现。

本小节介绍了三维点云数据的理论知识。基于点云数据的几何属性，详细介绍了点云数据的法向量和曲率。然后介绍了基于点云数据的特性，包括点云的置换不变性及旋转不变性；点云数据的获取方法，包括基于三维激光扫描仪的点云数据和基于图像序列的点云生成。最后介绍了点云数据的应用，包括逆向工程、自主导航、虚拟现实、医学诊断及文物保护。本章的内容为后续章节的展开提供了预备知识，后续章节的主要内容，一是针对同一平面的不同物体，以及相邻平面相交的公共点难以识别的问题，提出了一种将区域生长算法与基于边界点的距离算法相结合的平面识别算法；二是针对 Point Net 网络对点云的局部特征提取能力不强的问题，提出了一种精确捕捉点特征的更深层次网络结构——HPRS 网络，该网络可以学习具有不断增加的上下文尺度的局部特征；三是针对复杂场景下建筑物与植被粘连密切，难以精确提取建筑物特征的难题，提出了一种仅基于点的三维坐标信息的高精度建筑物点云提取方法。

1.5 RGB-D 数据

1.5.1 产生背景和历史发展

RGB-D 数据作为融合了传统 RGB 图像和深度信息的数据格式，其产生背景与计算机视觉和图形学领域的快速发展密切相关。随着科技的进步，人们对于场景的三维感知和重建需求日益增长。传统的 RGB 图像虽然能够捕捉到丰富的颜色信息，但无法直接提供场景的深度信息，这在一定程度上限制了其在三维重建、人机交互、增强现实等领域的应用。因此，研究人员开始探索如何将深度信息与 RGB 图像结合，以形成更为全面和准确的 RGB-D 数据。

RGB-D 数据的产生和发展可以追溯到 21 世纪初。随着深度相机技术的不断成熟和普及，特别是 Microsoft 的 Kinect 等消费级深度相机的推出，RGB-D 数据的获取变得更加容易和便捷。这些深度相机通过结构光、飞行时间或双目视觉等原理，能够实时获取场景的深度信息，并将其与 RGB 图像结合，形成

RGB-D 数据。

自 RGB-D 数据诞生以来，其应用领域不断拓展。在计算机视觉领域，RGB-D 数据被广泛应用于人体姿态估计、手势识别、物体检测等任务中；在机器人领域，RGB-D 数据被用于机器人的导航、避障和抓取等任务中；在增强现实领域，RGB-D 数据则被用于实现虚拟物体与真实场景的融合。这些应用领域的不断拓展，进一步推动了 RGB-D 数据的研究和发展。

1.5.2　原理阐述

（1）RGB 图像获取原理

RGB 图像是通过彩色相机捕获的，它包含了场景中物体的颜色信息。彩色相机通过镜头将场景中的光线聚焦在图像传感器上，图像传感器将光信号转换为电信号，并通过模数转换器将电信号转换为数字信号，最终形成 RGB 图像。RGB 图像由红、绿、蓝三个通道组成，每个通道都代表一种颜色分量。

（2）深度信息获取原理

深度信息是指场景中物体与相机之间的距离信息。RGB-D 数据中的深度信息是通过深度相机获取的。深度相机通过不同的原理来测量场景中物体的深度。以下是一些常见的深度相机原理。

结构光原理：通过向场景发射特定的光模式，如激光或红外光，并检测这些光模式在物体表面上的反射来获取深度信息。

飞行时间原理：通过测量激光束从发射到接收的时间来计算目标物体的距离。

双目视觉原理：通过模拟人眼的立体视觉原理，利用两个相机从不同的角度拍摄同一场景，并通过比较两个相机拍摄的图像来计算场景中物体的深度。

1.5.3　生成方法介绍

（1）通过深度相机直接获取

通过深度相机直接获取的方法是目前最常用的 RGB-D 数据生成方法。研究人员可以使用 Microsoft 的 Kinect 等深度相机设备来实时获取场景的 RGB-D 数据。这些深度相机设备能够同时捕获场景的 RGB 图像和深度图像，并将它们进行配准和融合，形成 RGB-D 数据。

具体来说，深度相机通过其内部的传感器和算法来实时计算场景的深度信息。例如，在结构光原理中，深度相机会向场景发射特定的光模式，并检测这些光模式在物体表面上的反射。通过分析反射光模式的变化，深度相机可以计算出场景中物体的深度信息。然后，深度相机会将计算得到的深度信息与 RGB 图像进行配准和融合，形成 RGB-D 数据。

（2）使用计算机视觉算法从 RGB 图像中估计深度

在某些情况下，研究人员可能没有条件使用深度相机设备来获取 RGB-D 数据，但他们可以通过使用计算机视觉算法从 RGB 图像中估计深度来生成 RGB-D 数据。这些算法通常基于机器学习或深度学习的方法，通过学习大量的训练数据来预测 RGB 图像中每个像素的深度值。

由于这种方法的精度和鲁棒性受到训练数据和算法性能的限制，因此在实际应用中需要谨慎选择和使用。此外，这种方法通常需要较长的计算时间和较高的计算资源消耗，因此不适用于需要实时处理的场景。

RGB-D 数据作为一种融合了传统 RGB 图像和深度信息的数据格式，在多个领域都展现出了广泛的应用前景。随着技术的不断进步和研究的深入，RGB-D 数据的生成方法和应用领域也将不断拓展和完善。

1.6 本章小结

本章全面而深入地探讨了三维数据的各个方面，从其产生背景及意义出发，逐步深入到超像素、超体素、点云数据及 RGB-D 数据等具体类型。通过对这些内容的详细介绍，读者不仅能够理解三维数据在现代科技和工业中的重要性，还能掌握不同类型三维数据的原理、生成方法及应用场景。

本章开篇即阐述了三维数据产生的背景及重大意义。随着计算机视觉、传感器技术、三维建模与渲染技术的飞速发展，三维数据已成为连接物理世界与数字世界的桥梁，被广泛应用于医疗、娱乐、工业设计、自动驾驶等多个领域。

随后，本章深入探讨了超像素和超体素这两种重要的三维数据表示形式。

超像素通过将图像分割成具有相似特性的小块，简化了图像分析任务，提高了处理效率。而超体素则是超像素在三维空间中的扩展，能够更好地表示三维数据的结构和特征。本章详细介绍了超像素和超体素的产生背景、历史发展、原理阐述及生成方法，为读者提供了丰富的理论基础和实践指导。

在点云数据部分，本章首先介绍了点云数据的几何属性和特性，包括其高密度、无序性、冗余性等。随后，详细阐述了点云数据的获取方法，包括激光雷达扫描、立体视觉、结构光扫描等多种技术。此外，还介绍了基于图像序列的点云生成方法，展示了如何从二维图像中恢复出三维点云数据。最后，本章总结了三维点云数据在地图构建、物体识别、三维重建等领域中的广泛应用。

最后，本章介绍了 RGB-D 数据这一特殊的三维数据类型。RGB-D 数据不仅包含了图像的 RGB 颜色信息，还包含了每个像素点的深度信息，从而能够更准确地表示三维场景。本章详细阐述了 RGB-D 数据的产生背景、历史发展、原理阐述及生成方法，使读者对这一新兴的三维数据类型有了全面的了解。

综上所述，本章通过系统的介绍和分析，使读者对三维数据有了较为全面的认识和深入的理解。无论是从理论层面还是实践层面，本章都为读者提供了宝贵的参考和指导。

第2章　三维数据识别

在数据科学与机器学习的广阔领域中，三维数据识别与聚类技术有着举足轻重的地位。随着传感器技术、计算机视觉、三维扫描技术的飞速发展，三维数据（如点云、网格、体素等）的获取变得日益便捷，其应用范围也迅速扩展到医疗影像分析、自动驾驶、机器人导航、虚拟现实（VR）与增强现实（AR）、工业检测等多个前沿领域。因此，如何高效地识别三维数据中的关键特征，并对大量复杂的三维数据进行有效聚类，成为当前研究的一个热点和难点。

三维数据识别与聚类旨在深入探讨三维数据处理的核心技术，包括识别与聚类两大核心任务。识别任务侧重于从三维数据中准确地提取出特定目标或特征，如物体的形状、大小、位置等，而聚类任务则是一种无监督学习方法，旨在将相似的三维数据点自动分组，以揭示数据的内在结构或规律。通过本章的学习，读者将能够掌握三维数据识别与聚类的基本原理、常用方法及实际应用中的挑战与解决方案。

2.1　识别方法

（1）基于边缘的识别

基于边缘的识别算法有两个主要阶段：

①边缘检测以概述不同区域的边界；

②边界内的点识别以传递最终的分段。

给定深度图边缘定义为由局部表面属性的变化超过给定阈值的点组成，最常用的局部表面属性是法线、梯度、主曲率或高阶导数。基于边缘识别技术的方法允许快速识别，但是在噪声和点云密度不均匀的情况下，它们可能产生不准确的结果，这种情况通常发生在点云数据中。在三维空间中，这样的方法通常用来检测断开的边缘，使得能够在没有填充或解释过程的情况下识别难以封闭的区段。

（2）基于区域增长的识别

基于区域增长的识别方法从具有特定特征的一个或多个种子点开始，然后围绕具有相似特征的相邻点生长，如表面取向、曲率等。基于区域的方法可以分为自下而上方法和自上而下方法：前者从一些种子点开始，并根据给定的相似性标准增强细分，选取种子点的好坏直接影响着种子区域方法的成败，错误的种子点选择将产生错误的识别，即导致过识别或者识别不充分；而自上而下的方法首先将所有点分配给一个组，然后进行单个表面拟合，在哪里及如何细分非种子区域仍然是上述两种方法的主要难题。

基于区域增长的算法包括两个步骤：基于每个点的曲率识别种子点，并基于点的接近度或表面的平面度等预定标准，增长这些种子点。区域生长方法引入了几何标准的颜色属性。曲面法线和曲率约束被广泛用于寻找平滑的连通区域，使用子窗口作为增长单位。区域增长方法也被应用于在三维点云中识别平面斜屋顶，用于建筑物的自动三维建模。对于城市环境三维点云的快速曲面片段识别问题，引入一种基于八叉树的区域增长方法。

（3）基于模型拟合的识别

基于模型拟合的识别方法基于以下观察，可以使许多人造物体分解为几何基本体，如平面、圆柱体和球体。因此，原始形状被拟合到点云数据上，符合原始形状的数学表示的点被标记为一个片段。作为基于模型拟合类别的一部分，两种广泛使用的算法是 Hough 变换（Hough Transform，HT）和随机样本共识（Random Sample Consensus，RANSAC）方法。如果基元具有一些语义含义，则这种方法也在执行分类。

HT 用于检测平面、圆柱体和球体。RANSAC 方法用于通过随机绘制最小数据点来提取形状以构造候选形状基元。根据数据集中的所有点检查候选形状，以确定表示最佳拟合的点数值。通过将三维 HT 和 RANSAC 用于从基于激光雷达（LiDAR）的点云自动检测屋顶平面，发现逆向工程中的一种流行策略涉及使用基于 RANSAC 的方法对平面、圆柱体和锥体等基元进行局部拟合。

一种改进的 RANSAC 识别算法对噪声不敏感，能够保持拓扑一致性，并避免建筑图元的过识别和欠识别，通过局部采样来识别多面体屋顶图元，然后通过应用基于三角形不规则网络的区域增长，分离共面基元。此外，点云库（Point Cloud Library PCL）中还提供了几种扩展：

①随机样本最大似然估计（Maximum Likelihood EStimation Consensus，MLESAC）；

②M 估计样本一致性（M-estimator SAmple Consensus，MSAC）；

③进步样本一致性（PRO-gressive SAmple Consensus，PROSAC）。

模型拟合方法快速稳健，且具有异常值，它们对几何简单参数化形状的三维检测效率已经得到证实，如圆柱体、球体、圆锥体、圆环面、平面和立方体。该方法提供了一种有效的形状描述符，可以洞察点云样本的几何属性，但由于它不适合复杂的形状或完全自动化的实现，所以只能通过局部描述符，使用丰富的表面几何形状为问题提供更好的解决方案。在建筑领域，细节不能总是被建模成易于识别的几何形状，因此，如果某些实体可以通过几何属性来表征，则其他实体可以通过其颜色内容更容易区分。

（4）机器学习方法

一些识别算法是基于机器学习的方法被应用的，机器学习是一门包括深度学习、神经网络等相关科学的学科，涉及人工智能算法的设计和开发，并允许计算机根据经验和训练数据做出决策，学习者可以利用示例数据来捕获和推断未知感兴趣特征的概率分布，这里的数据可以看作观察变量之间关系的例子。机器学习方法通常会遵循三种不同的方法来进行使用。

①监督学习方法。监督学习方法也称为强化学习方法，它是从注释数据的数据集中学习语义类别，并且训练的模型用于提供整个数据集的语义聚类，通常必须使用大量带注释的数据来训练模型。

②无监督学习方法。与监督学习方法不同，无监督学习方法依赖于一组提供的特征训练示例来学习如何正确地执行识别任务，因此特征的定义对机器学习方法至关重要。高质量的特征定义可以更容易地解释模型概念，简化学习模型过程，同时在速度和准确性方面提高算法性能。

③交互式学习方法。用户通过反馈信号引导识别的提取，积极地参与聚类

循环，虽然过程中需要来自用户方面的大量努力，但是它可以基于用户的反馈来适应和改进识别结果。点云分类中的大多数方法彼此独立地考虑分类过程的不同组成部分，即邻域选择、特征提取和分类，但是，希望通过在所有这些组件中共享关键任务的结果来连接这些组件，这种联系不仅与邻域选择和特征提取相互关联的问题有关，而且与如何在分类任务中涉及空间背景的问题相关。

机器学习方法非常强大且灵活，但由于其过分依赖点云密度，因此通常需要较长的计算时间。

2.2 聚类简介

三维数据一旦被识别，点的每个分段或分组就可以用聚类来标记。三维数据的聚类正在引起人们的兴趣并成为一个非常活跃的研究领域，如分层聚类、K 均值聚类和均值平移聚类。

基于分层聚类的识别方法是基于每个三维点计算其代表性进行特征度量，通过根据具体的几何特征，迭代地将数据集拆分为更小的子集来实现数据集的层次分解，直到每个子集仅包含一个对象，常用几何特征包括点的空间位置、局部估计的表面法向量、最佳拟合表面的残差、点的反射率等。一种新颖的分层聚类算法能够聚类任何维度数据，适用于移动测绘、航空和地面点云等实际应用。

基于 K 均值聚类的识别是指使用属性特征对三维点集进行 k 个组别的划分，选择最小化某点与对应的聚类质心之间距离的平方和作为分组依据。原始 k-means 聚类算法被各学界研究人员广泛用于点云识别中。

均值平移这个概念最早是在 1975 年的一篇关于概率密度梯度函数估计的文章中提出来的，其最初含义正如其名，就是平移的均值向量。基于均值平移聚类的识别则是一种非参数化的多模型识别方法，它的基本计算模块采用的是传统的模式识别程序，即通过分析图像的特征空间和聚类的方法来达到识别的目的，它是通过直接估计特征空间概率密度函数的局部极大值来获得未知类别的密度模式，并确定这个模式的位置，然后使之聚类到和这个模式有关的类别当中。

2.3 本章小结

本章通过对三维数据识别与聚类技术的全面介绍，使读者对三维数据处理领域有了更为深入的理解。我们首先从识别与聚类的基本概念出发，阐述了两者在三维数据处理中的重要作用及相互关系。随后详细介绍了多种三维数据识别方法，包括基于特征的识别、模板匹配、深度学习方法等，每种方法都有其独特的优势和适用场景。

在聚类部分，我们简要介绍了聚类的基本原理和不同类型的聚类算法，并特别强调了聚类在三维数据分析中的独特价值。通过聚类，我们可以发现数据中的潜在结构和模式，为后续的数据分析和决策支持提供有力支持。

此外，本章还讨论了三维数据识别与聚类在实际应用中所面临的挑战，如数据量大、噪声干扰、特征提取困难等，并介绍了一些有效的解决策略和技术手段。

总之，三维数据识别与聚类技术是三维数据处理领域的重要组成部分，对于推动相关领域的发展具有重要意义。通过本章的学习，读者不仅能够掌握三维数据识别与聚类的基础知识和技能，还能够为未来的研究和实践打下坚实的基础。

第3章 三维数据特征提取

图像特征提取是基于内容的图像识别的关键环节，它的好坏直接影响着识别效果和系统的运行效率。现基于如何从形状中提取特征，即根据特征提取方式不同，将三维模型特征提取分为四类，基于统计信息内容的特征提取（或者称为基于直方图的特征提取）、基于视图投影的特征提取、基于多特征融合的特征提取和基于函数变换的特征提取。

3.1 基于统计信息内容的特征提取

在三维数据处理和分析中，特征提取是一个至关重要的步骤，它决定了后续任务的准确性和效率，如识别、分类、检索等。基于统计信息内容的特征提取方法，特别是针对三维模型复杂的形状属性和不同的拓扑构造，为我们提供了丰富的信息来理解和描述三维数据。这种提取方法中的统计信息内容，是在计算三维模型复杂的形状属性或者不同的拓扑构造，其中复杂的形状属性包括顶点坐标、由任意三点构成的三角形区域面积、顶点和曲面的正态分布，将上述这些信息内容通过数学计算和统计转换为模型特征。这里，根据输入数据的不同差异，分为全局特征和局部特征两类。下面，我们将深入探讨全局特征和局部特征的提取方法，以及它们在不同应用场景下的优势和局限性。

3.1.1 全局特征

全局特征由整个三维目标几何特性编码的一组特征构成。这类特征提取算法的典型代表有几何三维矩算法、形状分布算法、球形函数方法。

形状分布这一独特的提取法，是通过形状函数来测量三维模型的几何属性，并统计计算形状函数的概率，最终用分布直方图来表示形状特征。具体步骤是选择形状函数，构造形状分布，并比较形状分布。该提取算法的关键是构建一个描述三维模型的参数化函数，例如，D_1 距离描述了一个固定点与表面上任意点之间的距离，D_2 距离描述了三维模型上任意点之间的表面距离。

柳伟将高斯图像理论进一步延伸，形成扩展高斯图像（Extended Gaussian Image，EGI），并将其作为基础，在一个模型中计算其三角区域面积，以及各区域法线方向之间的倾斜程度，最终以直方图的形式表现出来。对于曲面模型，王洪申（2015）等提出了距离—曲率形状分布这一概念，在这个概念的基础上进行特征提取，同时，为了实现算法的高效性能，将三维结构映射到二维直方图中，缩短了计算时间。蒋立军考虑另一种统计特征，即三维模型的三角区域面积分布。张开兴（2020）等提出了用距离之间的差异程度度量分布特征的算法。

上述算法都是通过计算三维模型复杂的形状属性实现特征提取的。另外，也可以描述三维模型不同的拓扑结构获取特征，这种方式获得的特征一般由 Reeb 图及其扩展形式展示，特别对三维模型中的还原完善非刚体问题实验结果显著。李朋杰将词袋与扩展 Reeb 图相结合，提出了一种改进的新算法。

全局特征主要关注三维模型的整体几何特性，通过对整个模型进行计算和编码，得到一组能够描述模型整体形状和结构的特征向量。这类特征提取方法具有计算简便、易于实现的优点，但同时存在对局部细节不敏感、易受遮挡和杂波干扰等缺点。

（1）几何三维矩算法。几何三维矩算法是一种通过计算三维模型在各个方向上的矩（质量分布的函数）来提取特征的方法。这种方法可以捕捉模型的几何形状和大小，对于旋转和平移变换具有较好的鲁棒性。然而，由于它只关注模型的整体形状，因此对于具有相似整体形状但局部细节差异较大的模型，其区分能力有限。

（2）形状分布算法。形状分布算法通过统计计算形状函数的概率分布来表示模型的形状特征。这种方法可以灵活地选择形状函数来捕捉模型的不同几何属性，如 D1 距离、D2 距离等。通过比较不同模型的形状分布，可以实现模型的相似度比较和分类。然而，形状分布算法对模型的采样密度和噪声较为敏感，且计算复杂度较高。

（3）球形函数方法。球形函数方法通过计算三维模型表面上任意点与模型质心之间的向量夹角和距离，来构建一个描述模型形状的球形函数。该方法可以捕捉模型的局部形状变化，但对于具有复杂形状和结构的模型，其计算复杂度较高且难以准确描述模型的整体形状。

全局特征是由点云中所有点的信息计算得出的，用整体的概念表述目标，可以使几何属性用唯一的特征向量得以描述。这类特征在一定程度上简化了计算并便于实现，在三维数据识别中得到了广泛应用，但它对细节的鉴别力不强且极易丢失模型的局部特征，要求对目标预先识别且要求具备完整的三维模型，同时对遮挡和杂波背景干扰等十分敏感，因此仅仅使用全局特征进行三维数据识别也存在一定的问题。

3.1.2　局部特征

不同于全局特征，局部特征定义了特征点局部邻域中的一组特征，包括邻域中的顶点数据，正态分布，投影等统计数据，以获得顶点的特征描述。基于局部特征的算法对于遮挡和杂波具有较强的鲁棒性，因此局部特征更适合识别杂波背景中部分可见的物体，它被广泛用于距离图像配准和三维模型模式处理、三维场景还原、三维模型识别与检索和三维物体分类和识别。

局部特征描述符又可依据是否使用局部参考系（Local Reference Frame，LRF）分为以下两类。这里着重说明没有使用 LRF 的特征描述符，其通过使用直方图或局部几何特性信息统计，如法线和曲率来构成一个特征描述符。splash 特征用来记录特征点和测量邻域点法向间的关系，这一关系随之被编码为一个三维向量，最终转换成曲率和扭转角度。通过使用深度值、表面法向、形状索引及它们的结合生成直方图构造一组特征，实验结果显示表面法向和形状索引展示出较高的区分水平。surface signature 特征被用来评估尺度转换，也用于三维场景中的目标识别。局部表面面片（Local Surface Patch，LSP）特征将形状索引和邻域点的法向绝对偏差进行编码。THRIFT 特征通过计算特征点和邻域点法向间的绝对偏差角度的权重直方图得以引入。在三维目标识别的局部表面特征选择问题中，一组可视化维度局部形状描述符（Visual

Dimension Local Shape Descriptor，VD-LSD）首先提取了一组点云中每个点的不变属性，包括位置、方向和色散属性，然后通过特征点的邻近点的不变属性获得直方图，以产生 VD-LSD 特征，然而对特殊目标来说，选取 VD-LSD 最优子集非常耗时。内部形状上下文（Internal Shape Context，ISC）是一个元描述符，可被用来定义任何光度测定或几何领域表面。由于大多数三维空间信息在形成直方图的过程中被忽略，因此不具有 LRF 特征的描述性受到限制。

与全局特征不同，局部特征关注模型中特定点或区域的局部邻域信息，通过计算这些邻域内的统计数据来描述模型的局部形状和结构。这类特征提取方法对于遮挡和杂波干扰具有较强的鲁棒性，适用于识别部分可见的目标和处理复杂场景下的三维数据。

（1）Splash 特征。Splash 特征是一种基于特征点邻域内法向关系的局部特征描述符。它通过计算特征点与邻域点法向之间的夹角和偏差，来构建一个三维向量作为特征表示。这种方法对于旋转和平移变换具有较好的鲁棒性，且对于具有相似局部形状但整体结构不同的模型具有较好的区分能力。然而，其计算复杂度较高，且对于噪声和采样密度的变化较为敏感。

（2）SURF 特征。SURF 特征（Speeded Up Robust Features）是一种广泛应用于二维图像处理的局部特征描述符，其也可以扩展到三维数据处理中。SURF 特征通过计算特征点邻域内的 Hessian 矩阵来检测关键点，并构建方向直方图来描述关键点的局部形状和结构。该方法对于尺度、旋转和光照变化具有较好的鲁棒性，且计算速度较快。然而，由于三维数据的复杂性和多样性，直接应用 SURF 特征于三维数据处理可能效果不佳，需要进行适当的改进和优化。

（3）3D SIFT 特征。3D SIFT 特征（Scale-Invariant Feature Transform）是 SIFT 算法在三维数据处理中的扩展。它通过计算特征点邻域内的梯度直方图来描述关键点的局部形状和结构。与 SURF 特征类似，3D SIFT 特征对于尺度、旋转和光照变化也具有较好的鲁棒性。然而，由于其计算复杂度较高且对于噪声和采样密度变化较为敏感，因此在实际应用中需要进行适当的优化和改进。

针对上述全局特征和局部特征提取方法存在的问题和挑战，研究者们提出了许多优化和改进方法。例如，通过引入深度学习技术来自动学习和提取三维数据的特征表示；通过融合多种不同类型的特征描述符来提高特征的区分能力和鲁棒性；通过引入注意力机制来关注模型中的关键区域和细节等。这些优化和改进方法使得特征提取技术更加成熟和多样化，为三维数据处理和分析提供了更加准确和高效的技术支持。

基于统计信息内容的特征提取方法在三维数据处理和分析中发挥着重要作用。全局特征和局部特征各具特色，适用于不同的应用场景和任务需求。然而，它们也存在各自的局限性和挑战。因此，未来的研究需要关注如何进一步优化和改进这些特征提取方法，以适应更加复杂和多样化的三维数据处理需求。同时，随着深度学习等技术的不断发展，我们有理由相信未来会有更多具有高效性、准确性、鲁棒性的特征提取方法被提出和应用到三维数据处理和分析中。

3.2　基于视图投影的特征提取

在三维形状分析和识别领域，基于视图投影的特征提取方法一直占据着重要的地位。该方法的核心思想是将复杂的三维形状模型简化为一系列的二维图像，并利用成熟的图像处理技术进行特征提取和描述。这种方法不仅简化了问题，而且充分利用了二维图像处理技术的丰富性和成熟性。然而，与此同时，也带来了一些挑战，如因二维图像的混乱性需要进行的大量比较。本文将深入探讨基于视图投影的特征提取方法，分析其原理、应用及存在的挑战，并提出可能的改进方向。

基于视图投影的特征提取方法将三维形状模型转换为一组二维图像，并将特征提取算法由此从三维模型转换转化为二维图像的特征提取，采用图像特征和图像处理技术描述获取的二维图像。该方法的优点是图像特征提取算法比较成熟和完善，可以很好地匹配，缺点是由于二维图像的混乱，需要进行大量的比较。

基于视图投影的特征提取方法通常包括以下步骤：首先，通过一定的投影方式（如正交投影、透视投影等）将三维形状模型转换为一系列二维图像；然后，利用图像特征提取算法从二维图像中提取特征；最后，将这些特征组合成特征向量或描述符，用于表示三维形状模型。

在投影方式的选择上，不同的投影方式会产生不同的二维图像效果，从而影响特征提取的效果。例如，正交投影能够保持形状的空间关系，但可能会丢失一些细节信息；而透视投影则能够模拟人眼观察物体的方式，但可能会引入一些畸变。因此，在实际应用中，需要根据具体需求选择合适的投影方式。

在特征提取算法的选择上，不同的算法具有不同的特点和适用场景。例如，SIFT 算法具有旋转、尺度、光照等不变性，适用于复杂场景下的特征提取；而 SURF 算法则具有较快的计算速度和较好的鲁棒性，适用于实时性要求较高的场景。因此，在选择特征提取算法时，需要综合考虑算法的性能、鲁棒性和实时性等因素。

从投影图像中提取轮廓特征的算法，研究者们将其命名为光场描述符（Light Field Descriptor，LFD）。对于每个三维模型，在每个顶点设置 10 个不同的光场，总共 100 个二维图像，通过计算十个光场的相似距离的最小值来获得两个三维模型之间的距离。然后提取每幅图像的 Zernike 矩和傅里叶变换系数作为特征值形成特征向量，该算法不需要模型，旋转是标准化的，但是两个模型之间的最小距离需要通过穷尽匹配找到并且计算量很大。

基于视图投影的特征提取方法在多个领域都有广泛的应用。在三维物体识别中，该方法可以通过比较不同物体的特征向量来实现物体的识别与分类。在三维重建中，该方法可以通过提取多个视角的特征来恢复物体的三维结构。在虚拟现实和增强现实等领域中，该方法可用于实现虚拟物体与真实场景的融合。

尽管基于视图投影的特征提取方法具有许多优点，但也存在一些挑战。首先，由于二维图像的混乱性，需要进行大量的比较才能找到相似的三维形状模型。这导致了计算量的增加和识别速度的降低。其次，投影过程可能会丢失一些三维形状的信息，导致特征提取的不完整性。此外，不同的投影方式和特征提取算法也会影响最终的效果。

为了克服这些挑战，可以从以下几个方面改进：首先，可以通过优化投影方式和特征提取算法来提高特征提取的完整性和准确性。例如，可以采用多视角投影的方式，从多个角度获取三维形状的信息，同时可以结合多种特征提取算法提取更加丰富的特征信息。其次，可以引入深度学习等先进技术来改进特征提取和匹配的过程。深度学习具有强大的特征表示能力和学习能力，可以自动学习并提取更加有效的特征信息。最后，可以结合其他技术（如三维扫描、传感器融合等）来弥补投影过程中可能丢失的信息，提高识别的准确性和鲁棒性。

基于视图投影的特征提取方法是一种有效的三维形状分析和识别方法。通过投影方式的选择和特征提取算法的改进，可以进一步提高该方法的性能和应用范围。未来，随着深度学习等先进技术的不断发展，基于视图投影的特征提取方法将会在更多领域得到应用和发展。

3.3　基于函数变换的特征提取

在三维模型的处理和分析中，特征提取是一个至关重要的步骤。有效的特征提取能够捕捉模型的关键信息，为后续的分类、识别等任务提供有力支持。然而，由于三维模型本身的复杂性，直接提取的特征往往难以充分表达模型的形状、纹理等关键信息。因此，引入函数变换对几何信息进行转换，以提高特征的区分度，成了一个热门的研究方向。

基于函数变换的特征提取方法通过应用特定的数学函数对三维模型进行变换，将变换后的信号作为模型的特征描述。这种方法能够增强欧氏空间中的一些不明显信息，使得提取的特征更具代表性和区分度。然而，函数变换的计算量通常较大，导致特征提取的计算复杂度较高。尽管如此，由于其出色的性能，基于函数变换的特征提取方法仍然受到了广泛的关注和研究。

基于函数变换的特征提取方法是指在特征提取之前，为提高特征的区分度，需要用一些三维模型函数变换来对几何信息进行转换，将变换域信号作为三维模型的特征描述。应用函数变换的目的是增强欧氏空间中的一些不明显信息，其缺点是特征提取计算复杂性很大。

（1）拉东（Radon）变换特征提取

Radon 变换是一种常用的函数变换方法，它通过将函数沿特定方向进行积分，得到该函数在该方向上的投影。在三维模型的特征提取中，Radon 变换被用于提取模型的形状特征。一种基于 Radon 变换的特征提取算法通过球面变换和径向积分变换，提取了一系列特征描述向量，这些向量能够代表模型的形状特征。

在此基础上，通过球面变换将三维模型映射到球面上，然后沿不同的方向进行径向积分变换，得到模型在各个方向上的投影。这些投影被编码为特征描述向量，用于表示模型的形状特征。由于 Radon 变换具有平移、缩放和旋转不变性，因此提取的特征对于模型的这些变换是不敏感的。这使得基于 Radon 变换的特征提取算法在处理具有不同姿态和尺度的三维模型时表现出色。

然而，Radon 变换特征提取算法的计算量较大，需要沿多个方向进行积分变换，并且需要对每个方向的投影进行编码。这导致算法的计算复杂度较高，难以满足实时性要求较高的应用场景。为了解决这个问题，一些研究者提出了改进的 Radon 变换算法，如快速 Radon 变换、稀疏 Radon 变换等，以降低计算复杂度并提高算法的效率。

（2）球形函数在特征提取中的应用

除了 Radon 变换，球形函数也被广泛应用于三维模型的特征提取中。球形函数是一种定义在球面上的函数，它能够捕捉光线从原点开始到与形状交点的行为。这种特性使球形函数在三维模型的特征提取中具有重要的应用价值。

在此基础上，利用球形函数频率分布和高斯欧氏距离变换来构建形状的体积量表示，首先将三维模型转换为体素表示，然后计算每个体素到模型表面的距离，并利用球形函数对这些距离进行编码。通过统计不同频率下的编码值，得到模型的体积量表示。这种方法能够捕捉模型的内部结构和形状特征，对于处理具有复杂形状的三维模型具有较好的效果。

（3）其他函数变换方法

除了 Radon 变换和球形函数，还有一些其他的函数变换方法也被应用于三维模型的特征提取中。例如，Zernike 矩是一种定义在单位圆上的复数多项式，它具有旋转不变性和正交性等特点。将 Zernike 矩应用于三维模型的特征提取中，通过计算模型在各个方向上的 Zernike 矩，得到模型的特征描述。这种方法能够捕捉模型的形状和纹理特征，并且对于处理具有不同姿态和尺度的三维模型具有较好的鲁棒性。

（4）函数变换特征提取的挑战与未来研究方向

尽管基于函数变换的特征提取方法在三维模型的处理和分析中取得了显著的成果，但仍面临一些挑战。首先，函数变换的计算量通常较大，导致特征提取的计算复杂度较高。为了降低计算复杂度并提高算法的效率，未来可以进一步研究更高效的函数变换算法或采用并行计算等技术来加速计算过程。

其次，现有的函数变换特征提取方法主要关注模型的形状和纹理特征，而对于模型的语义信息关注较少。未来可以研究如何将语义信息与函数变换相结合，以提高特征提取的准确性和鲁棒性。

3.4　基于多特征融合的特征提取

在研究三维模型识别的过程中，人们逐渐发现，对一个特征的识别都有其优势及局限性，当运用单一特征无法再提高识别精度时，可以使用多种特征融合技术，以达到更全面描述和更高精度识别的目的。

第一类是一种简单的加权特征融合方法，通过预设权重或相等权重组合的不同特征，主要包括以下类别。三维网格模型的混合特征提取算法，提取的功能包括深度缓冲图像（depth buffer images）、轮廓（silhouettes）和射线扩展（ray-extents），用英文中这三个单词的字母，该方法被作者命名为 DESIRE。Zernike 矩（Zernike moments）、傅立叶描述子（Fourier descriptor）、深度信息（Depth information）和基于 Ray 特征（Ray-based features），同样地，该方法命名为 ZFDR，也取得了很好的结果。从上述模型中提出了两个特征，在分别计算距离后，根据线性组合原理有效地将三个特征完美融合。李朋杰将同类原理思想运用到加权收敛中，也收到了很好的实验结果。

第二类方法是采取计算策略实现有监督性的权重设置，从某种程度上讲，无论是直接还是间接地应用一种策略，都能达到期待的特征融合效果。多特征与图的融合、基于图形（Graph）的特征组合算法都有效地整合了空间结构和多个特征。

多特征融合技术可以有效地提高算法的识别准确率，但是，如何将不同识别程度的多种权重适度组合，仍需进一步研究。

3.5　三维数据特征提取过程

三维特征提取过程模型是一个多阶段过程。第一步，根据应用程序的具体要求，预处理步骤将三维目标标准化为对旋转、平移转换、缩放和反射的近似不变性。第二步，根据选定的形状特征提取三维目标，例如，可以将三维目标抽象为体积，或者具有可分辨性和精确定义属性的无限薄表面，或者由不同视角投影形成的一个或一组二维图像。第三步，通过数值的转换分析，获取所选定提取下的三维目标的主要特征，输出原始三维目标的数值表示，作为该步骤的结果。特征提取过程模型的最后一步是从数值描述中生成目标的最终描述符。通常，描述符可以是数字类型的特征向量，也可以是所测量特征的直方图，或者是所分析三维目标的基于图形的表示。基于特征的三维数据识别方法通常是高效的、稳健的且易于实现的。然而，这并不意味着应该忽略基于统计或图形等类似方法。在大多数情况下，以统计计算或图形处理为基础的三维数据识别方法都具有其特定的优势，并且可能是特定应用的理想候选者。下面简要介绍三维数据特征提取过程的基本步骤。

（1）预处理

根据具体描述符的特定要求，三维数据被预处理为对旋转（Rotation，R）、平移转换（Translation，T）或者缩放（Scaling，S）的不变性和鲁棒性。

（2）目标提取类型

有三种不同类型的目标提取：体积、表面和图像。度量目标质量的三维分布（例如，使用基于矩的描述符）属于目标提取的体积类型；统计目标表面曲率是直接基于表面的描述符示例；提取目标特征的第三种方法是将其投影到一个或多个图像平面上，产生相应的深度图等，从中推导出描述符，这是基于图像的目标提取。

（3）数值转换

三维目标的主要特征是可以数字化地使用不同的方法获取。例如，体素网格和图像矩阵可以使用小波变换，或者可以自适应地进行表面采样。其他数值变换包括球面谐波（Spherical Harmonics，SH）、曲线拟合和离散傅里叶变换（Discrete Fourier Transform，DFT），这样的变换产生了底层目标的数据。

（4）生成描述符

生成描述符可以是下列三种情况之一：

①特征向量——由向量空间中具有适当度量的元素组成。通常，欧氏距离矢量空间的尺寸可能很容易达到数百。

②特征直方图——在统计方法中，通常对具有特殊特征的三维目标使用直方图的形式进行汇总。例如，在简单的情况下，这相当于统计指定体积区域中的总和表面积，或者更复杂的，即从三维目标中统计随机选择的点对之间的距离。获得的直方图被表示为特征向量，其中每个坐标值对应直方图的一个 bin。

③图形表示——更适合描述结构性三维目标的第三类是图形表示形式。图形可以更容易地展示一个目标的组成结构，如目标模型动物是由身体和肢体等有意义的部分组成的。

3.6 本章小结

本章深入探讨了三维数据处理中的核心环节——特征提取。特征提取是三维数据分析与识别的基础，对于提高算法的准确性和效率至关重要。本章从多个角度出发，详细介绍了三维数据特征提取的多种方法，并总结了特征提取的一般过程。

首先，本章介绍了基于统计信息内容的特征提取方法。这类方法通过分析三维数据的统计特性，如均值、方差、直方图等，来提取能够表征数据整体特性的特征。这种方法简单直观，适用于对数据整体分布有较高要求的应用场景。

其次，本章讨论了基于视图投影的特征提取方法。这类方法通过将三维数据投影到二维平面上，利用二维图像处理技术来提取特征。由于二维图像处理技术相对成熟且计算效率高，因此这种方法在实际应用中非常广泛。然而，它也可能因为投影过程中的信息损失而影响特征提取的准确性。

再次，本章介绍了基于函数变换的特征提取方法。这类方法通过数学变换（如傅里叶变换、小波变换等）将三维数据从原始空间映射到特征空间，从而提取出更加抽象和复杂的特征。这种方法能够捕捉数据中的细微变化和隐藏模式，但计算复杂度相对较高。

此外，本章还探讨了基于多特征融合的特征提取方法。由于单一特征提取方法往往难以全面表征三维数据的复杂特性，因此多特征融合成了一种有效的解决方案。通过将多种特征提取方法的结果进行融合，可以综合利用各种特征的优势，提高特征提取的全面性和准确性。

最后，本章总结了三维数据特征提取的一般过程。这个过程通常包括数据预处理、特征提取算法选择、特征提取实施及特征评估与优化等环节。通过这一过程的实施，可以从原始的三维数据中提取具有代表性、区分性和鲁棒性的特征，为后续的数据分析和识别任务提供有力支持。

综上所述，本章全面而深入地探讨了三维数据特征提取的多种方法和一般过程，为读者提供了丰富的理论知识和实践指导。这些方法和过程不仅有助于提高三维数据处理的准确性和效率，还为三维数据分析与识别领域的发展奠定了坚实的基础。

第4章 基于核的三维模糊 *C* 均值聚类的体数据识别方法

4.1 引言

在现代互联网和计算机技术融合发展的背景下，经过几十年的研究与完善，图形图像识别技术已经取得了巨大的飞跃与进步，它是通过计算机科学技术和应用数学理论相结合而产生的，即基于数学理论、数字媒体、计算机视觉等技术，对大量的图形图像基础数据进行分析处理，以满足生产生活实践要求的一门新兴跨界技术，目前已经广泛地应用于医学投影处理、计算机三维动画、智能人工接口、智能虚拟现实和计算模拟可视化等诸多应用领域。

三维数据模型的拓扑信息、连通关系和语义结构要比二维图像更加复杂，因此无论是图形数据处理还是特征描述操作，对三维模型来说，都是难上加难。但从另一个方面来讲，处理二维图像和三维模型的共同点是将复杂问题简单化，即将简单操作的理念运用于数据本身，深刻理解数据的自身含义。本文以三维数据识别作为主线，对基于超体素的识别问题展开研究，利用视觉特性，对体素和超体素进行特征提取与相似性计算，从三种不同形式的三维数据角度出发，对体数据识别、三维点云识别和 RGB-D 数据识别技术进行了深入的探讨和研究，将一个封闭的三维体数据、点云密度变化的三维点云场景、一组多样的 RGB-D 数据识别成一组不仅相互连通，而且具有一定数量，还各自具有简单提取意义的三维数据子块，同时给出了实验验证。

这种提取方法中的统计信息内容，是在计算三维模型复杂的形状属性或者不同的拓扑构造，其中复杂的形状属性包括顶点坐标、由任意三点构成的三角形区域面积、顶点和曲面的正态分布，将上述这些信息通过数学计算和统计转换为模型特征。

图像识别是指以某种方式将一个图像划分为一些连贯的区域。模糊 C 均值方法是目前用于图像识别最流行的聚类算法之一，由于该方法具有许多优点，例如，它能够为重叠的像素数据集提供最佳的识别结果，因此它在医学图像识别时尤其受欢迎。特别地，已经有大量以核磁共振成像（Magnetic Resonance Imaging，MRI）数据为实验数据集，尝试将模糊 C 均值聚类用于脑组织识别。

尽管模糊 C 均值算法很受重视，但它也存在一些缺点，这限制了它在医学数据集识别中的应用，其主要局限性在于高计算复杂度、密集的存储器工作量和不可接受的超长计算时间，这些是因为在一个扫描中，必须处理包含数十亿个数量级的体素。因此，现有的大多数专门用于体数据识别的基于模糊 C 均值算法实际上是 2.5 维方法，这就意味着这些算法是对每个切片执行模糊 C 均值识别，然后通过组合单个切片获得的二维结果以形成三维结果。

为了解决模糊 C 均值算法的上述局限性并使该方法在体数据中也可以正常使用，本章提出了一种将超像素的概念扩展为超体素，同时将超体素的思想融入基于核的三维模糊 C 均值聚类方法的解决方案。通过构建空间种子点，然后运用 SLIC 生成超体素，再使用基于核的三维模糊 C 均值算法对超体素进行聚类识别。

4.2　相关工作

模糊 C 均值是用来替代 K 均值聚类方法的新算法。根据模糊 C 均值算法，对于一个聚类，每个基准点是其一部分，聚类的隶属度由其成员等级决定。模糊 C 均值的不同之处在于它将 N 个向量的集合划分为 c 个模糊组，每个模糊组具有一个聚类中心。值得注意的是，基准点可能是多个模糊组的一部分，并且其成员等级介于 0 和 1 之间。

模糊 C 均值算法的参数包括，聚类的数量 c，模糊组 i 的聚类中心 c_i，每个模糊积分组的加权指数 m。通过优化模糊 C 均值的功能，可以进行模糊细分。隶属度函数 $J_{FCM}(U,V)$ 和聚类中心根据以下公式确定：

$$J_{FCM}(U,V) = \sum_{k=1}^{n}\sum_{i=1}^{c}(u_{ik})^{m}d^2(x_k,v_j) \tag{4-1}$$

其中，u_{ik} 是一个大小为 $c \times d$ 的矩阵，$d=\parallel x_j,\ v_i \parallel$ 是质心 v_i 和每个像素 x_j 之间的欧氏距离，$U=u_{ik}$ 代表模糊识别矩阵，$V=v_1,\ v_2,\ \cdots,\ v_n$ 是聚类中心，m 是模糊因子且 $m > 1$。

学术界已经提出了许多对模糊 C 均值算法的改进。医学图像识别的主要方法之一是将空间距离运用到基于识别的聚类中。此外，三维 MRI 脑图像的自动识别方法将局部空间距离引入模糊 C 均值算法，采用的是新的相异指数而不是传统模糊 C 均值算法中的欧氏距离。

模糊逻辑在识别体数据中考虑以下三个特征信息：位置、边界和强度水平。在相同背景下，学者们还提出了一些特征提取方法，这些特征就包含了体素邻域的强度信息。采用模糊 C 均值算法涉及一种流行的技术，即局部空间连续性，创建了一个具有三维乘法偏置场变化的聚类原型，综合考虑了体素邻域信息和强度变化，方法旨在提取大脑的几个部分，如左脑半球、右脑半球、小脑和脑干。

在其他方法中，基于模糊 C 均值的三维数据集识别新方法仅适用于三种情况，即矢状、冠状和轴状，运用范围较窄。此外，对于脑脊液的提取可基于模糊推理规则，重点关注由模糊信息粒度获取的信息。

当模糊 C 均值算法应用于脑识别时，由于从 MRI 扫描获取脑图像的特征问题，使得算法的使用可能存在一些局限性，具体包括：图像对比度差、高水平斑点噪声、弱定义边界和边界间隙等，传统的模糊 C 均值算法往往无法在这些图像上进行充分的复杂性扩展。因此，为了克服上述这一缺点，本章提出了一种基于核的三维模糊 C 均值聚类识别体数据的新方法。

在现代互联网和计算机技术融合发展的背景下，经过几十年的研究与完善，图形图像识别技术已经取得了巨大的飞跃与进步，它通过计算机科学技术和应用数学理论相结合而产生，即基于数学理论、数字媒体、计算机视觉等技术，对大量的图形图像基础数据进行分析处理，以满足生产生活实践要求的一门新兴跨界技术，目前已经被广泛地应用于医学投影处理、计算机三维动画、智能人工接口、智能虚拟现实和计算模拟可视化等诸多应用领域。

4.3　方法描述

本章针对医学体数据识别问题提出了改进的基于核的三维模糊 C 均值聚类方法对超体素进行聚类识别。为得到平滑的体数据信息，避免出现提取的目标物体中含有与背景特征相似的体素，首先对图像进行图像增强预处理，将目标物体从背景中先一步凸显出来；再根据体素之间的颜色距离、空间距离、体素与聚类中心的坐标差值描述两个体素之间的相似性。同时，按照聚类个数，建立灰度直方图，然后在每个直方图中找梯度最小值的点作为种子点，应用扩展到三维的 SLIC 方法将体素图像划分为超体素。最后，通过改进的基于核的三维模糊 C 均值聚类算法实现超体素的聚类识别。该算法能够处理体数据并执行完整的三维体数据识别，实验提供的样本证明算法易于处理大量多样的特殊区域，而这些特殊区域往往不能通过经典的模糊 C 均值算法解决，本章还对提出的算法应用于人脑数据集的实验结果进行了充分介绍和深入讨论。

本章算法背后的主要思想是使用扩展的 SLIC 方法将图像划分为超体素，然后使用基于核的三维模糊 C 均值算法对得到的区域进行聚类，包括五个主要步骤：图像预处理、体素的特征描述、构建空间种子点、扩展 SLIC 方法生成超体素、改进的基于核的三维模糊 C 均值算法，其中每个步骤的详细说明将在以下小节中给出。主要流程如图 4-1 所示。

图4-1　本章识别算法流程

4.3.1　图像预处理

为得到平滑的人脑 MRI 边缘信息，需要对原始 MRI 图像作图像增强预处理。图像增强是图像分析的一个重要预处理过程。当运用模糊 C 均值算法对背景相对复杂的图像数据分类是从像素的角度出发时，提取的目标物体中会含有背景与目标特征相似的像素，所以在对多目标图像处理时将极大地影响识别准确性。因此，对图像先做一个增强预处理，将目标物体从背景中先一步凸显出来，可以避免出现这种现象，以提高模糊 C 均值分类的准确性。本章首先按图像灰度中值对原图像 R、G、B 各分量子图的灰度直方图做一次划分，再均衡化生成两个子灰度直方图，然后计算各分量子图的灰度级占原图像灰度级总数的比例，并根据此比例合并各分量子图。

以彩色图像的 R 分量子图为例，设 $R=\{R(i,j)\}$ 的灰度级为 L 级，记作 $\{R_0, R_1, R_m, \cdots, R_{L-1}\}$，其中图像灰度中值为 R_m，即第 m 个灰度级。按照 R_m 对 R 分量子图的灰度直方图进行一次划分，如下式所示：

$$R = R^L \bigcup R^U \tag{4-2}$$

$$
\begin{aligned}
R^L &= \{R(i,j) \mid R(i,j) \leqslant R_m, R(i,j) \in R\} \\
R^U &= \{R(i,j) \mid R(i,j) > R_m, R(i,j) \in R\}
\end{aligned}
\tag{4-3}
$$

再对上述划分后的 2 个子灰度直方图分别进行直方图均衡化处理，首先求出它们的概率密度，分别为：

$$
\begin{aligned}
P^L(R_k) &= \frac{n_k^L}{n^L} \\
P^U(R_k) &= \frac{n_k^U}{n^U}
\end{aligned}
\tag{4-4}
$$

其中，n_k^L 和 n_k^U 表示 2 个灰度级区域 R^L 和 R^U 中具有灰度级 R_k 的像素个数，n^L，n^U 是 2 个子图的像素总数，而其累积分布函数分别为：

$$C^{L}(x) = \sum_{j=0}^{m} P^{L}\left(R_{j}\right)$$

$$C^{U}(x) = \sum_{j=m+1}^{L-1} P^{U}\left(R_{j}\right)$$

（4-5）

采用该方法进行图像增强预处理，有利于增强后续图像的视觉效果。

4.3.2　体素特征描述

超像素的概念最早于 2003 年提出，它是指具有相似特征的一组像素集合，相似特征包括颜色、亮度和纹理。一个图像可以由包含多个像素特征组合的一定数量的超像素组成，并保留原始图像的边缘信息。与单个像素相比，超像素包含丰富的特征信息，可以大大降低图像处理的复杂度，并显著提高图像识别速度。

在 SLIC 算法中，人脑 MRI 图像序列中的每个像素可以由五维特征向量 $[l,a,b,x,y]^{\mathrm{T}}$ 表示，像素之间的相似性可以通过它们之间的欧氏距离来测量，像素的特征向量包括其在 CIELAB 颜色空间中的颜色向量 $[l,a,b]$ 和空间坐标向量 $[x,y]$，其中 x 和 y 是像素坐标。具有 N 个像素的原始 MRI 图像被分成 K 个超像素，并且每个超像素大约包含 N/K 个像素，因此，每个超像素的平均长度 S 约为 $\sqrt{N/K}$。对于每个步长 S 的像素取一个聚类中心，并围绕该聚类中心采用 $2S \times 2S$ 距离作为搜索空间，执行对相似像素的搜索。

同时，可以根据其颜色特征距离 D_{lab} 和空间特征距离 D_{xy} 来计算像素之间的相似性 D_{s}，用于计算 D_{lab}，D_{xy} 和 D_{s} 的公式如下所示：

$$D_{lab} = \sqrt{\left(l_{j} - l_{i}\right)^{2} + \left(a_{j} - a_{i}\right)^{2} + \left(b_{j} - b_{i}\right)^{2}}$$

（4-6）

$$D_{xy} = \sqrt{\left(x_{j} - x_{i}\right)^{2} + \left(y_{j} - y_{i}\right)^{2}}$$

（4-7）

$$D_{s} = \frac{D_{lab} + \alpha D_{xy}}{\sqrt{1 + \alpha^{2}}}$$

（4-8）

在上述公式中，i 表示第 i 个超像素的聚类中心，j 表示搜索区域中的某一个像素，α 是用于调整 D_{lab} 和 D_{xy} 的权重参数。

本章将二维超像素的概念扩展到三维体素，一个体数据可以包括多个体素。体素可以保留原始图像的边缘信息，同时，还可以包含丰富的特征信息。由于医学图像是灰度图像，所以本章仅使用 CIELAB 颜色空间中的颜色向量 L 及其三维空间坐标向量 $[x, y, z]$，其中 x 和 y 是像素坐标，z 是图像的序列号，w 表示 MRI 图像的当前坐标，该五维特征向量 $[L, x, y, z]^{\mathrm{T}}$ 用于表示每个体素。

在本章所述的方法中，具有 M 个体素的原始 MRI 图像序列需要被分成 L 个超体素，每个超体素大约包含 M/L 个体素。在每个 S 体素之间选取一个聚类中心，并以该聚类中心周围的 $2S \times 2S \times 2S$ 距离作为其搜索空间，进行相似体素的搜索。

在序列图像中，两个体素之间的相似性 D_s 可以用其颜色特征距离 D_l，空间特征距离 D_{xyz} 及体素与其聚类中心之间的坐标差值 D_w 来计算，它们的计算公式如下：

$$D_l = \sqrt{(l_j - l_i)^2} \tag{4-9}$$

$$D_{xyz} = \sqrt{(x_j - x_i)^2 + (y_j - y_i)^2 + (z_j - z_i)^2} \tag{4-10}$$

$$D_w = \sqrt{(w_j - w_i)^2} \tag{4-11}$$

$$D_s = \frac{D_c + \alpha D_{xyz} + \beta D_w}{\sqrt{1 + \alpha^2 + \beta^2}} \tag{4-12}$$

其中，i 表示第 i 个体素的聚类中心，j 表示搜索区域中的某一个体素，α 是用于调节 D_{xyz} 的权重参数，β 是用于调节 D_w 的权重参数。

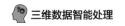

4.3.3　构建空间种子点

传统的 SLIC 算法对于二维图像区域，种子点具有 4 或 8 个邻域。体数据中的种子点通常具有 6 或 18 或 26 个邻域，这取决于是否包括对角相邻的点。

本章选取种子点的创新之处在于按照聚类个数，首先建立灰度直方图，然后在每个直方图中寻找梯度最小值的点作为种子点，体素的梯度值计算公式为：

$$
\begin{aligned}
G(x,\,y,\,z) = &\left\| G(x+1,\,y,\,z) - G(x-1,\,y,\,z) \right\|^2 \\
&+ \left\| G(x,\,y+1,\,z) - G(x,\,y-1,\,z) \right\|^2 \\
&+ \left\| G(x,\,y,\,z+1) - G(x,\,y,\,z-1) \right\|^2
\end{aligned}
\tag{4-13}
$$

将初始化种子点移动到该邻域内梯度值最小的体素点处，即 $G(x,\,y,\,z) = \min G(x,\,y,\,z)$。

4.3.4　SLIC 生成超体素

接下来，将选取的种子点 $(x,\,y,\,z)$ 与体素之间的颜色、距离和当前坐标差异信息相结合，再根据相应的调整参数，计算两个体素之间的相似性，并将具有相似特性的体素合并到种子区域中，作为新的种子区域。通过这种方式，持续地在其 6 个邻域中搜索体素，同时合并相似的体素，从而增加种子区域的大小，直到它不再变化为止。最后，种子区域中的展示就是所有超体素。

具体算法流程如下：

①初始化 K 个聚类中心，根据聚类个数，首先建立灰度直方图，然后在每个直方图中寻找梯度最小值的点作为种子点，使用坐标 $(x,\,y,\,z)$ 作为超体素的初始种子点，并将其标记为种子区域。

②每个体素 i，设置标签 $l(i)$ 为 -1，参数 $d(i)$ 为无穷大。执行以下步骤来确认残余误差 E 小于某一阈值：

对每个聚类中心 C_k，以及 C_k 周围 6 邻域区域中的每个体素 i，计算 C_k 和 i 之间的距离 D；

若 $D < d(i)$，则将 D 的值赋给 $d(i)$，k 的值赋给 $l(i)$。

③聚类完成后，重新计算聚类中心和残余误差 E。

④连接类似的区域。

4.3.5　计算超体素的统计特征

在基于三维 SLIC 算法生成超体素后，每个超体素可以看作具有相同标签 l 的相互连接的体素组合，其统计特征可通过计算获得。本章选取计算超体素的五种统计特征：期望 $\bar{I}$、方差 σ^2、能量 υ、熵 τ 和微分力矩 ρ，具体公式如下：

$$\bar{I}^{(l)} = \frac{1}{m_l} \sum_{k=1}^{m_l} I_k^{(l)} \tag{4-14}$$

$$\sigma^{2(l)} = \frac{1}{m_l - 1} \sum_{k=1}^{m_l} \left[I_k^{(l)} - \bar{I}^{(l)} \right]^2 \tag{4-15}$$

$$\upsilon^{(l)} = \sum_g \left| p^{(l)}(g) \right| \tag{4-16}$$

$$\tau^{(l)} = \sum_g \left| p^{(l)}(g) \right| \log_2 \left[p^{(l)}(g) \right] \tag{4-17}$$

$$\rho^{(l)} = \log_2(H) - \sum_g p^{(l)}(g) \log_2 \left[p^{(l)}(g) \right] \tag{4-18}$$

其中，l 是第 l 个超体素的标签，m_l 是在第 l 个超体素内的体素总数，$I_k^{(l)}$ 代表在第 l 个超体素内第 k 个体素的强度，$p^{(l)}(g)$ 表示在第 l 个超体素内的强度分布，H 是直方图中的类数量。

4.3.6　基于核的三维模糊 C 均值聚类

本章将图像中的基于核的二维模糊 C 均值聚类推广至三维空间，提出了基于核的三维模糊 C 均值聚类识别算法。识别三维超体素数据的重要依据是超体素的特征，在对人脑 MRI 三维图像体素生成超体素后，计算每个超体素的五种统计特征用以描述超体素，经实验证明，超体素的能量统计特征具有最佳精度，所以这里选取能量特征度量超体素的属性特征。

$$D = \left| \upsilon_i^{(l)} - \upsilon_j^{(l)} \right| \tag{4-19}$$

将上述距离度量 D 加至基于核的模糊 C 均值隶属度函数的描述中。首先取所有超体素的距离方差来计算核带宽 σ：

$$\sigma = \left[\frac{\sum_{i=1}^{N} \left(D_i - \bar{D} \right)^2}{N-1} \right]^{1/2} \tag{4-20}$$

其中，$\bar{D}$ 是所有距离 D 的均值，N 表示局部窗口。运用核带宽计算核函数 K，这里的核函数是指 GRBF 核函数：

$$K(x_i, v_j) = \exp\left(-\frac{\left\| x_i - v_j \right\|^2}{2\sigma^2} \right) \tag{4-21}$$

隶属度函数 u_{ij} 表示为：

$$u_{ij} = \frac{\left\{ (1 - K(x_i, v_j) + \varphi_i \left[1 - K(\bar{x}_i, v_j) \right] \right\}^{-1/(m-1)}}{\sum_{k=1}^{c} \left\{ 1 - K(x_i, v_k) + \varphi_i \left[1 - K(\bar{x}_i, v_k) \right] \right\}^{-1/(m-1)}} \tag{4-22}$$

其中，φ_1 是一个体素的最终权值，它是基于局部方差系数（Local Variation Coefficient，LVC）计算获取的，公式如下：

$$LVC_i = \frac{\sum_{k \in N_i} (x_k - \bar{x}_i)^2}{N_R \times (\bar{x}_i)^2} \tag{4-23}$$

$$\zeta_i = \exp\left(\sum_{k \in N_i, i \neq k} LVC_k \right) \tag{4-24}$$

$$\varphi_i = \frac{\zeta_i}{\sum_{k \in N_i} \zeta_k} \qquad (4\text{-}25)$$

最后，将隶属度函数 u_{ij} 映射到三维空间 N_i，定义空间函数：

$$s_{ij} = \sum_{k \in N_i} u_{kj} \qquad (4\text{-}26)$$

那么，含有空间函数的隶属度函数 $u_{ij}{}'$ 转换为：

$$u_{ij}{}' = \frac{u_{ij} s_{ij}}{\sum_{i=1}^{c} u_{ij} s_{ij}} \qquad (4\text{-}27)$$

具体算法流程如下：

①设置阈值 $\varepsilon = 0.001$，$m=2$，迭代计数器 $t=0$，实验中局部窗口宽度设置为5；

②计算体素的最终权值 φ_1 和隶属度函数 u_{ij}；

③根据隶属度函数 u_{ij} 计算空间函数 S_{ij} 和含有空间函数的隶属度函数 $u_{ij}{}'$；

④计算目标函数和聚类中心。

$$J' = 2\left\{ \sum_{i=1}^{N} \sum_{j=1}^{c} u_{ij}{}'^{m} \left[1 - K(x_i, v_j) \right] \right\} + \sum_{i=1}^{N} \sum_{j=1}^{c} \varphi_i u_{ij}{}'^{m} \left[1 - K(\overline{x}_i, v_j) \right]$$

$$v_j^{(t)} = \frac{\sum_{j=1}^{n} u_{ij}{}'^{m} x_j}{\sum_{j=1}^{n} u_{ij}{}'^{m}}$$

⑤若 $\max \left\| u_{ij}{}^{(t+1)} - u_{ij}{}^{(t)} \right\| < \varepsilon$，或者 $t > 100$，算法停止；否则，更新 $t = t+1$，转回步骤④。

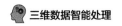

4.4 案例分析

4.4.1 运行环境及数据库

本章实验均在 Visual Studio 2010 平台上使用 C++ 和 Matlab 库实现，实验平台配置如下所述。

①操作系统：Windows 7 Service Pack。

②内存：16GB 1600MHz。

③ CPU 型号：3.2 GHz Intel（R）Core（TM）i7-6500K。

为验证本算法的实验结果，本章选取 Brain Web 数据库作为实验数据库。Brain Web 是一个合成的模拟人脑数据库（Simulated Brain Database，SBD），SBD 包含由 MRI 模拟器产生的一组真实 MRI 数据，神经影像学可以使用这些数据来评估各种图像分析方法在多样环境中的表现。该数据库共展示了十种类型的人脑组织切片，它们是背景、脑脊液、灰质、白质、脂肪、肌肉、皮肤、颅骨、胶质物和结缔组织。

SBD 提供了 *T1*，*T2* 和 *PD* 三种权值形态数据，各种参数设置如下：

①图像切片的厚度：1 mm、3 mm、5 mm、7 mm 和 9 mm；

②图像的噪声水平：0、1%、3%、4%、5% 和 9%；

③强度不均匀级别：0、20% 和 40%；

④数据维度：大小为 1mm×1mm×mm 的体素共计 187×217×181 个。

在此基础上，该数据库还增设了自定义 MRI 模拟功能，即允许学者运用任何脉冲序列和任意地采集伪影值，设定图像规格参数来自行定制图像。

Brain Web 数据库的每个 MRI 图像包含 120～365 个切片。对于 MRI 图像，各向同性分辨率插值约为 256×256 像素，对应 1mm。

4.4.2 超体素生成结果评估

本书提出的方法在人脑中间部分生成的超体素形状规则且均匀，并且在人脑皮层区域生成的超体素具有很好的边界贴合性能，与原图相比，可以十分清晰地看出人脑组织的边界，这是因为算法通过建立灰度直方图，将每个直方图中梯度最小值的点作为种子点。由于人脑中间部分的直方图梯度值较大，因此放置了较少的种子点，而在人脑皮层边界区域则放置了较多的种子点。因此，无论是在图像中的大脑中心区域，还是结构复杂的大脑皮质区域，本算法生成的超体素均能保持很好的组织边界贴合性能。

为了定量地衡量本章超体素生成结果的精确性，本节选用 Jaccard 相似系数（JS）和戴斯（$Dice$）相似系数，计算公式如下：

$$JS = \frac{|A \cap M|}{|A \cup M|} \qquad (4-28)$$

$$Dice = \frac{2|A \cap M|}{|A| + |M|} \qquad (4-29)$$

其中，A 是本章提出的算法识别结果，M 是由高年资医师手工勾画的标准识别结果，$|A \cap M|$ 与 $|A \cup M|$ 分别表示两个集合的公共元素个数和并集元素个数，$|A| + |M|$ 表示两个识别结果集合的像素总数。$Dice$ 的数值范围为 $[0，1]$，0 表示无重叠，1 表示重叠度较高。设 $Dice_{rang}$ 表示由每层识别结果与手工识别结果计算获取的 $Dice$，$Dice_{mean}$ 表示全部层面的计算均值。

基于期望、能量、熵和微分力矩特征的超体素识别数值评估结果如表 4-1、表 4-2 所示：

表4-1　基于期望和能量特征的超体素识别实验评估

评估参数	特征类型	MRI（1）	MRI（2）	MRI（3）	MRI（4）	平均值
JS	期望特征	0.801	0.905	0.853	0.928	0.872
$Dice$		0.923	0.892	0.841	0.898	0.889
JS	能量特征	0.939	0.893	0.887	0.909	0.907
$Dice$		0.927	0.936	0.960	0.884	0.927

表4-2　基于熵和微分力矩特征的超体素识别实验评估

评估参数	特征类型	MRI（1）	MRI（2）	MRI（3）	MRI（4）	平均值
JS	熵特征	0.872	0.927	0.896	0.941	0.909
Dice		0.862	0.928	0.919	0.907	0.904
JS	微分力矩	0.948	0.920	0.924	0.869	0.915
Dice		0.925	0.896	0.953	0.929	0.926

根据所得到的度量可以推断出，基于能量特征的 SLIC 方法超体素识别结果具有最佳精度。关于 Dice 相似系数，针对能量特征执行的识别所获得的平均 Dice 等于 0.927，与其他特征相比，这是最佳结果。通过改进的三维 SLIC 方法的切片数量、运行时间和存储器使用量总结如表 4-3 所示。表中数据结果表明，提出的算法具有实际应用性，特别在测试大规模数据时，内存使用保持在 2375MB 和 2701MB 之间。

表4-3　三维SLIC算法参数总结

算法参数		MRI（1）	MRI（2）	MRI（3）	MRI（4）	平均值
切片数量		124	190	355	168	—
运行时间/秒	期望特征	39.76	41.72	45.60	40.63	41.93
	能量特征	40.68	46.82	49.23	45.29	56.76
	熵特征	44.70	43.35	47.92	45.13	45.28
	微分力矩	48.25	51.04	59.41	49.61	52.08
使用内存 / MB		2375	2761	5992	2701	—

4.4.3　方法识别结果精确性评估

（1）本章提出的识别算法与三种代表性算法比较

接下来进一步评估本章提出的基于核的三维模糊 C 均值聚类识别算法，将所提出的算法与三种代表性算法进行比较，它们是：

①基于图形（Graph Based，GB）的图像识别方法；

② SLIC 算法；

③规则性保留超体素（Regularity Preserved Super Voxel，RSV）算法。

SLIC 算法在前文中已经介绍。GB 算法是 2004 年发表在 IJCV 上的一种将图像识别成区域的算法，算法的基本思想是通过基于图形的图像表示来定义一个谓词，用来测量两个区域之间的边界，并运用该谓词提出一种有效的识别算法，尽管该算法使用了贪婪决策，但它能够产生满足全局属性的识别。RSV 算法是 2014 年发表在 IEEE T MULTIMEDIA 上的一种生成规则性保留超体素的新算法，算法定义具有局部最大边缘幅度的体素为超体素结，再采用最短路径算法找到连接每个相邻结对的局部最佳边界，算法在保留了规则属性的同时，还存储了时间和空间上的结构关系。选择这三种方法的主要原因是它们可以足够有效地处理具有大量体素的人脑组织 MRI 图像，而不像其他大量的超像素或超体素方法专门是针对二维图像而研发的，并不能处理三维人脑组织体数据。

在三维识别结果中，MRI 断面图有三种形式：矢状面、冠状面和横断面，本章为了便于在视觉上说明问题，特别选用横断面图像展示识别结果。另一方面，在使用本章算法后，人脑组织被分为三种不用类型：脑脊液（Cerebro-Spinal Fluid，CSF）、灰质（Grey Matter，GM）和白质（White Matter，WM），图示中分别用红色、灰色和白色表示。

为了进一步评估性能，这里引入计算戴斯相似性系数（Dice Similarity Coefficient，DSC）进行定量评估，DSC 是评估识别性能的一种基准评估策略，对每个组织的自动识别结果和标准数据之间的相似性进行测量，定义为：

$$DSC = \frac{2 \times TP}{2 \times TP + FP + FN} \tag{4-30}$$

其中 TP、FP 和 FN 分别表示真阳性、假阳性和假阴性超体素的数量，DSC 的数值范围在 0 到 1 之间，其中较高的数值表示与标准识别数据具有更好的对应关系。

在噪声水平逐渐增加的情况下，所有方法都受到了噪声的影响，识别精度均呈下降趋势，与其他三种算法相比，本章提出的基于核的三维模糊 C 均值聚类识别算法在高噪声水平下，性能上只是轻微下降，并且保持了在不同噪声水平下对三种组织识别的最高 DSC 数值，定量的比较进一步明确了本章提出算法的高有效性和强鲁棒性（图 4-2～图 4-4）。

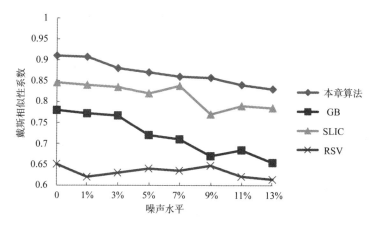

图4-2　对人脑组织CSF识别结果的DSC定量评估

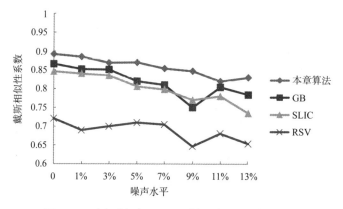

图4-3　对人脑组织GM识别结果的DSC定量评估

（2）基于核的模糊 C 均值聚类算法与本章提出的基于核的三维模糊 C 均值聚类算法比较

本节选用基于核的模糊 C 均值聚类算法与本章提出的算法进行比较，两个算法具有相同的初始聚类中心。本章所提出的方法成功地识别了感兴趣的 MRI 图像区域，并对其中一套 MRI 图像的人脑组织识别结果进行了三维重建，基于视觉评估可以得出结论，该人脑组织图像在三维空间上具有很好的连续性和平滑性，能够满足实际应用中的医学需求；目标边界被适当地确定，并且通过图像识别算法捕获其形状的细节，物体形状确定的准确性足以进行进一步的定量分析，具体数值如表 4-4、表 4-5 所示。

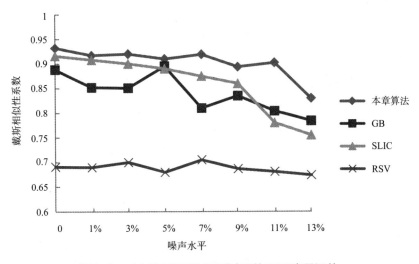

图4-4　对人脑组织WM识别结果的DSC定量评估

表4-4　本章识别算法的JS相似系数

评估参数	评估次数	*MRI*（1）	*MRI*（2）	*MRI*（3）	*MRI*（4）
JS	1	0.8429	0.8498	0.8468	0.9308
	2	0.8341	0.8524	0.9230	0.9026
平均 *JS*	—	0.8385	0.8511	0.8849	0.9167

表4-5　本章识别算法的戴斯相似系数

评估参数	评估次数	*MRI*（1）	*MRI*（2）	*MRI*（3）	*MRI*（4）
$Dice_{rang}$	1	0.6309～0.9309	0.7983～0.9653	0.8268～0.9547	0.8609～0.9582
	2	0.8234～0.9639	0.9178～0.9439	0.8452～0.9528	0.9045～0.9614
$Dice_{mean}$	1	0.9524	0.9239	0.8842	0.9398
	2	0.8537	0.9145	0.9230	0.9526
平均 *Dice*	—	0.9030	0.9192	0.9036	0.9462

根据表4-4和表4-5数据可以计算出，平均JS和戴斯相似系数分别为0.8728和0.9180，证明本章算法的识别结果接近人工勾画标准。接下来，为了简便说明，将使用模糊C均值（Fuzzy C-means，FCM）算法的简称FCM表示。再选用直接使用基于核的三维模糊C均值聚类算法（3D基于核的FCM）、二维SLIC与基于核的三维模糊C均值聚类结合算法（2D␣SLIC+3D基于核的FCM）及本章算法（3D␣SLIC+3D基于核的FCM）对人脑数据库识别结果的精确性做比较（图4-5、图4-6）。

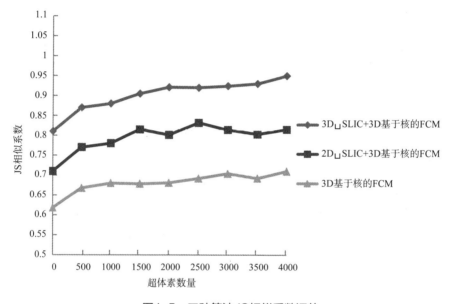

图4-5　三种算法JS相似系数评估

在算法执行时间方面，若没有超像素或者超体素的生成预处理，直接运用基于核的三维模糊C均值聚类算法，其执行时间高达十几万毫秒；当采用生成超像素预处理后，2D␣SLIC+3D基于核的FCM的算法运行时间降低了一个等级，平均约一万毫秒；而本章算法的运行时间则在百位毫秒以内。综上实验结果和评估数据可以看出，本章改进后的算法与其他算法相比，在识别结果和识别精确性上都显示出了明显的优势，不仅有效地提升了整体算法的识别准确率，而且在识别上保留了更多细节。

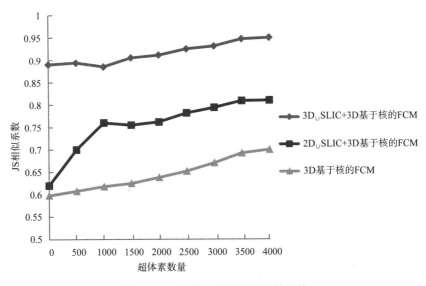

图4-6 三种算法戴斯相似系数评估

4.5 本章小结

本章提出了一种基于核的三维模糊 C 均值聚类和超体素结合的新方法。首先，应用扩展到三维的 SLIC 方法将图像划分为超体素，然后通过改进的基于核的三维模糊 C 均值算法进行聚类，实现对超体素的识别。该方法能够处理体数据并执行完整的体数据识别，提供的样本证明本章算法易于处理大量多样的特殊区域，这些特殊区域往往不能通过经典的模糊 C 均值方法解决。同时，本章还对提出的方法应用于人脑数据集的结果进行了介绍和讨论。

第5章 基于超体素几何特征的
三维点云场景识别方法

5.1 引言

点云是由代表一个目标几何结构的三维空间数据点组成的集合，其数据结构 P 内的每个数据点的坐标值 p_x，p_y，p_z 都对应一个复杂的三维坐标系。在一个真实的目标—背景点云中，坐标系原点（0，0，0）代表用于获取数据的传感器位置，产生坐标值的方式有两种：一是使用计算机合成数据集；二是通过真实的目标获取数据。

以点云为代表性的新型数据源不断涌现，其具有数据海量、高冗余、高密度、不规则分布等特性。从点云中获取准确、可靠的三维信息既是科学研究的前沿，也是各类应用提出的迫切需求，更是急需解决的物目标认知与提取自动化程度低和知识化服务能力弱的严重缺陷、建立点云智能处理的系统性理论方法、架设点云与应用的桥梁。

点云数据具有明显的几何位置，即对点云中的每一个点都存在从传感器到目标的距离数据频道，称之为"深度"（Depth），在此基础上还可以增加颜色数据信息（Color）、亮度数据信息（Lightning）、反射强度信息（Intensity）和视觉信息（Viewpoint）。其中，颜色数据信息首先是通过摄像机获取彩色图像，然后将图像中对应位置像素的颜色信息赋予点云中对应的点。而获取反射强度信息通常是激光扫描仪接收装置采集到的回波强度，此强度信息与目标的表面材质、粗糙程度、入射角方向、仪器的发射能量及激光波长有关。

点云数据是现阶段三维领域中一类主要的数据存储和处理类型。三维点云数据是物体表面采样点的集合，具有稀疏、散乱、采样不均匀、海量数据量等特点。点与点之间离散、稀疏分布，不具有任何传统二维数据模型的几何拓扑关系，并且由于测量设备和获取技术的限制，采集得到的三维点云数据不仅包含大量冗余信息，而且采样密度不均匀，噪声和异常值较多，不满足一定的统计分布规律。在一次采集过程中，往往需要不断变换角度，才能获得场景或者物体在各个角度下的局部数据信息，因此获取点云数据的过程中还涉及不同帧之间数据的匹配和融合问题。

在三维点云数据采集和生成方面，根据所使用传感器的种类，可以分别通过立体摄像机、飞行时间相机或者结构光传感器估计生成三维点云所需的深度值（Depth Values），具体选择哪一种传感器，要根据现实应用中所需性能和精度要求。三维点云中还存在着大量的滋扰现象，如噪声污染、点云密度变化、目标遮挡等，这些都在一定程度上使三维目标的识别难度大大增加。

点云数据库 PCL 是一个基于 BSD（Berkeley Software Distribution）许可发布的 C++ 开源程序库，旨在用于云处理和三维计算机视觉系统开发。它实现了多种算法，包括过滤、特征提取、表面重建、目标识别、特征描述、模型拟合和识别等。此外，在云数据处理方面，点云数据库还支持文件格式管理和对三维特征描述符的性能评估方法：如点云数据（Point Cloud Data，PCD）文件格式、SHOT Color（Signature of Histograms of Orientations Color）描述符和PFH Color（Point Feature Histogram Color）描述符、某点法线估计、用于最近邻域搜索的 kd-tree 结构和点云可视化方法。

5.2　相关工作

点签名（Point Signature，PS）描述符是通过使用从邻域点到其指定平面投影的距离得出的，它的优点是不需要对表面求导，缺点是基准方向不唯一，并且对网格分辨率敏感。旋转图像（Spin Image，SI）描述符是运用表面法向作为基准轴，通过两个参数对特征点的每个邻近点进行编码，最后根据这两个参数将邻近点的数量累积到二维直方图中，SI 描述是最多被引用的方法之一，但它的描述性相当低，并对网格分辨率十分敏感。

由于上述两种描述符都对网格分辨率非常敏感，有些学者开始尝试运用局部坐标系创建描述符。局部坐标系框架一般通过对邻域点的空间分布或几何信息编码定义，多年研究证明它对于局部特征描述符至关重要。

点指纹（Point Fingerprint）描述符通过使用特征点的法向及任意选择邻域点引入局部坐标系，基于该坐标系将测地圆投影到正切平面，该方法优于二维直方图，主要缺陷是其局部坐标系不唯一。

局部描述符对完整的三维建模和目标识别系统进行了详细的描述，提出通过将表面区域聚集成一组三维网格的张量表示，并增加了一个目标识别数据集，这种表示对噪声、遮挡和杂波都具有较强的稳健性，但由于定义局部坐标系时使用了点对，所以将导致联合开发。局部三维形状描述符使用表面法向和到正切平面投影的特征矢量来定义局部坐标系，用于对多组距离图像全自动配准，并与尺度相关，通过将邻域点的表面法向编码到一个二维区域，证实该描述符对开发几何尺度具有可变性。

然而，没有一种现存的局部坐标系定义是同时具备单一性和非二义性，并对噪声和网格分辨率是稳健的，而且大多数现有的特征描述符仍然存在低描述性或弱稳健性的问题。在现代互联网和计算机技术融合发展的背景下，经过几十年的研究与完善，图形图像识别技术已经取得了巨大的飞跃与进步，它是通过计算机科学技术和应用数学理论相结合而产生的，即基于数学理论、数字媒体、计算机视觉等技术，对大量的图形图像基础数据进行分析处理，以满足生产生活实践要求的一门新兴跨界技术，目前已经被广泛地应用于医学投影处理、计算机三维动画、智能人工接口、智能虚拟现实和计算模拟可视化等诸多应用领域。

5.3 方法描述

在三维点云场景中，识别是进行目标识别和提取的基本步骤。本章提出了一种基于超体素块点云密度权重的局部坐标系的构建，提高了中心点法向量的计算准确性，使得更加精确地表示超体素特征，为超体素的几何距离计算提供了保障。一方面，本章对超体素的聚类是在局部上下文信息的基础上使用图理论完成的；另一方面，通过视觉特性，本章算法以纯几何方式进行识别，避免使用 RGB 颜色和强度信息，因此它适用于更一般的实际应用。

为验证提出算法的有效性，分别对生成的超体素和最终识别结果进行了讨论，实验结果表明：算法对复杂的三维点云场景实现有意义且较为合理的识别，特别是对复杂场景中的目标边界及物体的非平面表面识别都具有很好的鲁棒性，为日益成熟的模型高层次语义分析提供了条件。

从概念上讲，本章提出的识别算法包括五个核心步骤：点云的体素化、超体素的生成、建立改进的局部坐标系、超体素的几何特征计算和基于局部连接图的聚类。

①点云的体素化。将整个点云数据体素化为三维网格结构，基于体素的数据结构可以抑制点云中存在的噪声、异常值和不均匀点密度的负面影响，同时大大降低计算成本，提高识别过程的效率和稳健性。

②超体素的生成。在体素云连通性识别方法（VCCS）的启发下，仅使用体素的空间坐标距离、曲率值距离和快速点特征直方图（FPFH 特征）描述对体素进行聚类，生成超体素作为基本单元，生成的超体素具有几何一致性和空间依赖性。

③改进的局部坐标系。在超体素内建立局部坐标系，提高了中心点法向量的计算准确性，使得更加精确地表示了超体素的特征，为超体素的几何距离计算提供了保障。

④超体素几何特征计算。为评估超体素之间的几何特征，通过在超体素内构建改进的局部坐标系，取得更准确的中心点法向量，结合视觉特性，计算超体素的几何特征，以便通过几何特征的均匀性来评估超体素之间的相似性，并将该相似性进一步应用到图模型的加权边中。

⑤基于局部连接图的聚类。为每个超体素在其周围构建图模型，以局部连接图的形式编码局部上下文信息，基于图的聚类根据其相似性合并超体素，通过应用图识别算法，可以估计每个超体素的连通性，从而可以通过简单的聚类将所有连接的超体素聚合成完整的分段（图 5-1）。

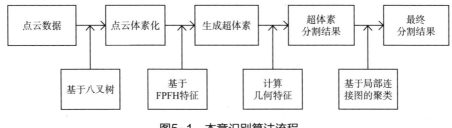

图5-1 本章识别算法流程

在现代互联网和计算机技术融合发展的背景下，经过几十年的研究与完善，图形图像识别技术已经取得了巨大的飞跃与进步，它是通过计算机科学技术和应用数学理论相结合而产生的，即基于数学理论、数字媒体、计算机视觉等技术，对大量的图形图像基础数据进行分析处理，以满足生产生活实践要求的一门新兴跨界技术，目前已经被广泛地应用于医学投影处理、计算机三维动画、智能人工接口、智能虚拟现实和计算模拟可视化等诸多应用领域。

5.3.1 基于八叉树的体素化

体素化是将三维物体的几何形式，即点线面格式，依据一定的边界判断处理条件，转换产生一个最接近该物体表面形状的体数据集（Volume Datasets）的过程，通过体素化不仅可以继续存储三维物体的表面信息，而且进一步有效获取了物体的内部属性特征信息。学术界应用多种方式实现体素化，通过使用法向矢量函数，将点线面格式的三维物体体素化为离散的体素形体。依据是尺度空间理论，对三维形体提出了反走样体素化，实验证明利用距离场和距离变换对形体体素化是十分有效的。

与处理点数据相比，基于体素的数据结构可以抑制点云中存在的噪声、异常值和不均匀点密度的负面影响，同时大大降低计算成本，提高识别过程的效率和稳健性。另外，体素化处理可以部分减少由室外场景中的传感器及物体之间的距离变化引起的点的各向异性密度影响。

近年来，基于八叉树的体素化已经普遍用于点云处理中。本章就是基于八叉树体素化，利用三维立方网格光栅化整个点云，其中节点具有明确的链接关系，便于遍历搜索相邻的网格。对八叉树节点实施分解操作，生成均匀体素网

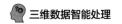

格，其标志位 $f(i, j, k)$ 依据下列原则赋值：

$$f(i,j,k)=\begin{cases} -1, & \text{体素在体外} \\ 0, & \text{体素在体表} \\ 1, & \text{体素在体内} \end{cases} \qquad (5\text{-}1)$$

设体素化点云参数为 t，则点云分辨率为 $R=8^t$，每个体素的边长为 $L/2^t$。首先在整个点云中，选取边长为 L 的初始体素作为八叉树的根节点，再将这个根节点划分为 8 个子节点，并用函数 $f(i, j, k)$ 来标记这 8 个子节点的不同位置，依据位于体内或体表的体素将作为根节点继续进行八叉树体素化，经过若干次递归，最终得到接近完整点云的体素集，则体素化完成。这里，获取体素的大小是算法计算效率和保持细节识别之间的权衡，体素越大，细节识别就越模糊。在本章算法中，将根据点云密度和实际应用选择体素的大小。

5.3.2 基于 FPFH 特征的点云超体素识别

综合考虑点云数据的空间距离、边缘弯曲特性和几何特征来衡量体素之间的相似性，在 37 维的特征空间下对体素数据进行聚类，其中包括 XYZ 三维空间、曲率值和 33 维的点特征空间，体素数据在 37 维特征空间下的特征向量定义为：

$$F = [x, y, z, c, \text{FPFH}_{1,\cdots,33}] \qquad (5\text{-}2)$$

其中，x，y，z 是三维空间坐标，c 是体素的曲率值，$\text{FPFH}_{1,\cdots,33}$ 是 FPFH 的 33 个元素。

体素作为三维模型中反映曲面弯曲特性的一种度量，可以通过已知点与其邻域点的切线夹角与两点弧长的极限求得。常用的曲率包括最大（最小）曲率、高斯曲率、平均曲率等。由于超体素的边界精确性会直接影响最后识别结果的边界准确程度，为了确保过识别得到的超体素数据具有精准的边界信息，需要在这里考虑三维体素数据的边界产生情况，而该信息往往对应三维物体中曲面弯曲程度较大的区域，因此可以用曲率来衡量三维体素数据的边界弯曲特性，保证过识别得到的超体素可以依附于物体的边界，并具有清晰的识别边界。

FPFH 是一种具有姿态不变性的局部几何特征，它是针对早期速度优化点特征直方图（PFH 特征）的一种简单扩展，PFH 特征描述主要通过分析点对应 k 邻域中的法线方向，构建多维直方图，来捕获和编码目标周围的几何属性。

对点 p 的 PFH 特征描述包括构建三维坐标和估计表面法线。

①以点 p 为中心，r 为半径画球，其球形空间内的所有点被定义为 p 的 k 邻域。

②以每个点对 p_s 和 p_t 中的一个点为固定中心建立坐标系 UVW。n_s 和 n_t 是对应点对 p_s 和 p_t 的估计法线，其中 p_s 是其估计法线与其他点连线之间具有较小角度的点，即与 α、θ 相比，ϕ 是一个较小的角度。通过计算点对 p_s 和 p_t 与它们对应的估计法线 n_s 和 n_t 之间的角度变化，描述特征空间中两点的相对偏差。

建立坐标系 UVW 的各个坐标轴定义如下：

$$\begin{cases} u = n_s \\ v = u \times \dfrac{p_t - p_s}{\|p_t - p_s\|_2} \\ w = u \times v \end{cases} \tag{5-3}$$

p_s 和 p_t 的估计法线之间的相对偏差可以用一组角度变化表示如下：

$$\begin{cases} \alpha = v \cdot n_t \\ \phi = \dfrac{u \times (p_t - p_s)}{\|p_t - p_s\|_2} \\ \theta = \arctan(w \cdot n_t, u \cdot n_t) \end{cases} \tag{5-4}$$

其中，$d = \|p_t - p_s\|_2$，表示两点之间的欧式距离。这样就将两个点原来的 6 个坐标值、6 个估计法线值，共 12 个参数减少为 4 个数值，即 3 个角度值 α、ϕ、θ 和 1 个距离值 d，形成四元组 $\langle \alpha, \phi, \theta, d \rangle$，也称为每个点对的四要素。

③将四元组以统计的方式代入直方图中，该过程首先把每个特征值范围划分为 b 个子区间，对落在每个子区间的点的个数做出统计。

PFH 特征的计算复杂度是 $O(n \cdot k^2)$，其中 n 是点的数量，k 是点对应的最近邻个数，由于其时间消耗仍然很大，因此就有了对其运行速度进行优化的研讨。FPFH 特征描述由此应运而生，它通过使用 k 个最近邻域的组合来描述点的局部表面模型属性，在保持与 PFH 特征相似的描述性的同时，FPFH 的计算复杂度降低至 $O(n \cdot k)$。

FPFH 的计算过程如下：首先确定中心点 P_q 与邻域点之间的法线偏差，法线偏差可以用法线之间的角度值进行表示，该步骤的结果为简化的点特征直方图（Simplified Point Feature Histogram，SPFH）；然后使用相同的方法，查找中心点所有邻域点的邻域范围，计算每个邻域点邻域范围内的 SPFH，则中心点 P_q 的 FPFH 的计算公式如下：

$$\text{FPFH}(P_q) = \text{SPFH}(P_q) + \frac{1}{k} \sum_{i=1}^{k} \frac{1}{w_k} \text{SPFH}(P_k) \qquad (5\text{-}5)$$

其中，w_1 表示权值，可以利用中心点与其邻域点之间的距离来近似表示权值。

每个体素被分配给超体素，其质心需具有最小的标准化距离，为了计算这个空间标准化距离，必须首先将空间分量归一化为距离，因此距离的相对重要性将根据种子分辨率 R_{seed} 变化。本章限制了每个聚类的搜索空间，使聚类结束于相邻的聚类中心，这意味着可以使用被认为是聚类的最大距离点来归一化空间距离 D_s，该距离位于 $\sqrt{3} R_{seed}$ 的距离处，D_c 是体素之间的曲率变化值，m 是归一化常数，FPFH 的空间距离 D_{HiK}，通过使用直方图交点内核计算，最终得到最小标准化距离 D 的方程式：

$$D = \sqrt{\frac{\mu D_s^{\,2}}{3 R_{seed}^{\,2}} + \frac{\lambda D_c^{\,2}}{m^2} + \varepsilon D_{HiK}^{\,2}} \qquad (5\text{-}6)$$

其中，μ、λ、ε 分别控制聚类中空间距离、曲率变化和几何相似性的影响，分别是每个距离的权重，且 $\mu + \lambda + \varepsilon = 1$。

由于 VCCS 方法最重要的优势之一是保存边界性能，因此本章可以获得与场景中的目标的主要结构共享相同边界的超体素。值得注意的是，体素的大小和种子的分辨率可以极大地影响 VCCS 方法的性能，前者用于确定场景中保留的细节，而后者将影响保持边界的有效性。根据经验，本章根据点云密度和从传感器到目标的变化范围来设置这两个因子。

5.3.3　改进的局部坐标系

本章提出了在超体素内形成改进的局部坐标系，有效增强了中心点法向量的计算准确性，可见定义一个单一、明确且稳定的局部坐标系至关重要。

首先，在超体素上，生成中心点邻域内的加权散布矩阵（Weighted Scatter Matrix），并提取该散布矩阵的特征向量，即采用特征值分解（Eigen Value Decomposition，EVD）后的三个正交的特征向量 $V=\{v_1, v_2, v_3\}$ 表示三个坐标轴来建立局部坐标系，特征向量 λ_1，λ_2，λ_3 按照其对应的特征值 v_1，v_2，v_3 的值进行排序，分别表示 x 轴，y 轴和 z 轴。x 轴和 z 轴的方向由特征点 p 到邻近点 p_1 的方向决定，二者的交叉乘积又决定了 y 轴的方向。

原始的加权点云密度和改进后的加权点云密度如下面公式所示，其中 R 为支撑域半径大小，p_i 为中心点，p_j 为支撑域内的邻近点，$\tilde{p}$ 是不同点云密度下的几何重心，β 是点云密度转换过程中的幂数：

$$W_{ij} = \frac{1}{\left(R - \| p_j - \tilde{p}_i \|\right)} \qquad (5-7)$$

$$W_{ij}^{'} = \frac{W_{ij}}{\mathrm{density}^{\beta}\left(p_j\right)} = \frac{1}{\left(R - \| p_j - \tilde{p}_i \|\right) * \mathrm{density}^{\beta}\left(p_j\right)} \qquad (5-8)$$

建立局部坐标系的散布矩阵为：

$$COV(p_i) = \frac{\sum_{\| p_j - p_i \| \leq R} W_{ij}^{'} \cdot (p_j - p_i)(p_j - p_i)^T}{\sum_{\| p_j - p_i \| \leq R} W_{ij}^{'}} \qquad (5-9)$$

另一方面，本章在建立散布矩阵时计算不同点云密度下中心点的方法，将

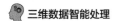

改进后的中心点称作几何重心，几何重心能够使支撑域内所有点到它的距离之和最小，且几何重心受点云密度变化的影响很小，其计算见下式，这里的距离指的是带权重的欧氏距离。

$$\mathrm{argmin} \sum_{\|p_j - p_i\| < R} W'_{ij} \cdot \|p_j - \tilde{p}_i\|\tag{5-10}$$

具体算法如下：

算法 5.1：计算不同点云密度下的几何重心 $\tilde{p}_i$

输入：在支撑域半径内，超体素 P_i 邻域 $P = \{p_1, p_2, \dots, p_n\}$ 和阈值 ε

输出：几何重心 $\tilde{p}_i$

---

①初始化：$\tilde{p}_i = p_i$

②迭代开始：

$p_0 = \tilde{p}_i$

$$W_{ij} = \frac{1}{\left(R - \|p_j - \tilde{p}_i\|\right) * \mathrm{density}^\beta\left(p_j\right)}$$

③更新几何重心和权重：

$$\tilde{p}_i = \sum_{j=1}^{n} W_{ij} * p_j \Big/ \sum_{j=1}^{n} W_{ij}$$

④如果 $\|\tilde{p}_i - p_0\| < \varepsilon$，输出 $\tilde{p}_i$；否则，转向步骤 2

由于散布矩阵进行 EVD 时，特征向量的方向具有正负两种情况，直接利用 EVD 的特征方向建立局部坐标系会产生符号二义性。为解决符号二义性问题，本章采用非奇异特征值分解（Disambiguated Eigen Value Decomposition，DEVD）的方法使得支撑域内所有邻居点到中心点的方向与法向尽量共向。

以 x 轴为例：

$$S_x^+ = \{i \mid d_i \leqslant R \,\&\&\, (p_i - p) \cdot x^+ \geqslant 0\}$$
$$S_x^- = \{i \mid d_i \leqslant R \,\&\&\, (p_i - p) \cdot x^- > 0\} \tag{5-11}$$

考虑到 S_x^+ 和 S_x^- 数目相同的情况，先选取特征点 P_i 周围最近的 k 个点（k 一般取 11），再去统计它们的 $\tilde{S}_x^+$ 和 $\tilde{S}_x^-$：

$$\tilde{S}_x^+ = \{i \mid i \in M(k) \,\&\&\, (p_i - p) \cdot x^+ \geqslant 0\}$$
$$\tilde{S}_x^- = \{i \mid i \in M(k) \,\&\&\, (p_i - p) \cdot x^- > 0\} \tag{5-12}$$

最终，x 轴正负方向通过统计 $S_x^+, S_x^-, \tilde{S}_x^+, \tilde{S}_x^-$ 的数量大小确定：

$$x = \begin{cases} x^+, & |S_x^+| > |S_x^-| \\ x^-, & |S_x^+| < |S_x^-| \\ x^+, & |S_x^+| = |S_x^-| \,\&\&\, |\tilde{S}_x^+| > |\tilde{S}_x^-| \\ x^-, & |S_x^+| = |S_x^-| \,\&\&\, |\tilde{S}_x^+| < |\tilde{S}_x^-| \end{cases} \tag{5-13}$$

5.3.4　超体素几何特征的计算

几何特征代表两个超体素之间的几何关系，包括超体素中心点的法向量计算和使用视觉特性的几何特征两个方面。

（1）基于局部坐标系的中心点法向量

对于超体素 V 内点的法向矢量 $\vec{N}$，是从点的特征向量获得的。由于特征值和特征向量的估计容易受到点云噪声和异常值的影响，因此，本章使用加权散布矩阵，在坐标的散布矩阵中为较远点指定较小的权重。

对于任意两个相邻的超体素 V_i 和 V_j，其质心为 C_i 和 C_j，用 $\vec{N}_i$ 和 $\vec{N}_j$ 表示两者的单位法向量，通过 $\vec{C}_{ij}$ 表示连接两个质心 C_i 和 C_j 线上的单位矢量，两个超体素 V_i 和 V_j 之间的几何距离数据项 SV_g 的定义如下：

$$SV_g(V_i, V_j) = \frac{\|\vec{N}_i \times \vec{N}_j\| + |\vec{N}_i \cdot C_{ij}| + |\vec{N}_j \cdot C_{ij}|}{3} \tag{5-14}$$

其中，当两个超体素是共面时，两者的单位法线互相平行，并且与两个质心的连线两两垂直，此时，几何距离数据项呈现最大相似性。

（2）基于视觉特性的几何特征

在场景目标识别的计算机视觉领域中，视觉特性具有悠久的历史，它是用来确定视觉场景区域和部分的过程，这里的视觉场景具有属于较高级别感知单元的相同部分，如目标或模式。本章的目标是通过模仿人类视觉对象的自然方式来识别室外场景，遵循视觉特性与层次结构相结合。为此，选取几何特征的三个代表性原则作为本章的聚类标准，即接近度、相似性、连续性。

由接近原则可知，元素很可能当它们彼此接近时聚合到同一组中；同时，相似性原则指出，如果元素彼此相似，则它们倾向于被加和为一组；而对于连续性原理阐述，定向元素可以彼此对齐，则它们被设置集合在一个部件中。

为测量两个元素 V_i 和 V_j（如体素或超体素）之间的接近度，考虑使用空间距离 $d(V_i,V_j)=\left\|\vec{X_i^c}-\vec{X_j^c}\right\|$ 表示两个元素质心之间的欧氏距离，其中 $\vec{X^c}$ 是从原点到元素质心的向量。

对于相似性，通过评估由点构成形状的几何相干性作为标准，使用基于几何特征的特征值来描绘元素之间点的三维属性。由于形状相似性表示超体素内点的形状之间的一致性，因此超体素几何特征之间的相似性越强，超体素内的点越相似。当两个元素的几何特征表示为 $\bar{S}_i$ 和 $\bar{S}_j$ 时，它们的相似性 $\rho(V_i,V_j)$ 由 Pearson 乘积矩相关系数定义如下：

$$\rho(V_i,V_j)=\frac{\sum_{k=1}^{8}(S_{ik}-\bar{S}_i)(S_{jk}-\bar{S}_j)}{\sqrt{\sum_{k=1}^{8}(S_{ik}-\bar{S}_i)^2}\sqrt{\sum_{k=1}^{8}(S_{jk}-\bar{S}_j)^2}} \tag{5-15}$$

对于连续性，它对应由相邻超体素的点表面形成的平滑度和凸度标准。平滑度由法向量 $\vec{N}_i$ 和 $\vec{N}_j$ 的角度差来定义。凸度标准代表由两个相邻超体素的点形成的三维凹面或凸面关系连接面，可以从单位法向量 $\vec{N}_i$、$\vec{N}_j$，向量 $\vec{d}_{ij}$，质心 $\vec{X}_i$、$\vec{X}_j$ 推断出来。

超体素之间具有三种典型的连接关系，计算角度为 α_i 和 α_j，其中 $\vec{d}_{ij} = (\vec{X}_i - \vec{X}_j)\big/\left\|\vec{X}_i - \vec{X}_j\right\|$，如果 $\alpha_i - \alpha_j > \theta$，则表面连通性被定义为凸连接，其中 θ 是凸性判断的阈值；否则，定义连通性为凹连接。本章还假设，对于一个物体，应该保持凸连接，同时应根据凸度标准的程度断开凹连接，如阶梯状表面，很可能是不同物体的两个部分，应该断开连接。通过由 α_i 和 α_j 之差确定 S 形函数计算 θ，表面连通性 D_{ij}^c 根据公式计算如下：

$$D_{ij}^c = \begin{cases} (\alpha_i - \alpha_j)^2 + (\pi - \alpha_i - \alpha_j)^2, & \text{当 } \alpha_i - \alpha_j > \theta \text{ 时} \\ (\alpha_i - \alpha_j)^2 + \pi^2 & , \text{其他} \end{cases} \quad (5\text{-}16)$$

这里，使钝的凸起或光滑连接的表面具有较高的接近值，而对于凹形连接表面则是恒定的负值，以便它被确定为断开连接。

5.3.5 基于局部连接图的聚类识别

由于三维场景的复杂环境，仅考虑超体素对的信息进行连接评估似乎是不够的。为此，本章引入图模型来评估超体素的连接，即为每个超体素定义一个局部连接图，并在该图的附近区域对所有邻接超体素进行编码，从而可以运用上下文感知的方式评估两个相邻超体素的连通性。邻接关系是超体素聚合中的重要方面，在每个超体素周围，寻找半径 R_a 来定义该超体素的邻域，该 R_a 球形空间被称为每个超体素的局部上下文，以构造局部连接图 $G=(V, E)$，其中每个顶点 V 代表超体素，边 E 被连接在所有顶点对之间，R_a 的大小用来确定一个局部连接图中相邻超体素的数量。

对于中心超体素，在图识别之后属于同一组的相邻超体素被认为是连接的超体素。由于超体素之间是独立的，连接图中边的权重定义是上述视觉特性，对于两个相邻的超体素 V_i 和 V_j，连接它们的边权重 W_{ij} 由上述三个标准评估，即空间距离 $d(V_i, V_j)$、表面平滑性 $S(V_i, V_j)$、几何相似性 $\rho(V_i, V_j)$，分别组合成对应的权重 W_{ij}^d，W_{ij}^s，W_{ij}^ρ，权重通过高斯核计算：

$$W_{ij}^d = \exp[-\frac{d(V_i, V_j)}{\sigma_d^2}] \qquad (5\text{-}17)$$

$$W_{ij}^s = \exp[-\frac{S(V_i, V_j)}{\sigma_s^2}] \qquad (5\text{-}18)$$

$$W_{ij}^\rho = \exp[-\frac{\rho(V_i, V_j)}{2\sigma_\rho^2}] \qquad (5\text{-}19)$$

其中，σ_d，σ_s 和 σ_p 是全局尺度因子，分别表示控制空间距离重要性的高斯核带宽、表面连通性和几何相似性。两个超体素之间的总权重以乘法约束的方式定义：

$$W_{ij} = W_{ij}^d \cdot (W_{ij}^s + W_{ij}^\rho)/2 \qquad (5\text{-}20)$$

构建局部连接图后，本章通过优化方法实现超体素的连接，即图的分区引入基于图的识别方法。这里，识别 C 是将体素 V，即局部连接图中的顶点，划分成 S 个分段部分，这些部分在图中都是相互连接的关系，且 $S \in C$。

首先，将每个顶点 V_i 视为一个分段 S_i，每条边根据其权重按照升序排列；然后，通过比较边的权重 w 与分段 S_i 的最大内部差 I_i，迭代循环划分图，对于边 E_{ij} 的顶点 $V_i \in S_m$ 和 $V_j \in S_n$，如果权重 w_{ij} 大于阈值 τ_{mn}，则 S_m 和 S_n 将合并为一个分段 S。这里，阈值 τ_{mn} 的估计如下：

$$\tau_{mn} = \max(I_m + \frac{\delta}{|S_m|}, I_n + \frac{\delta}{|S_n|}) \qquad (5\text{-}21)$$

其中，$|S|$ 表示分段 S 的大小，δ 是设定初始阈值的常数。在某一特定情况下，若 $|S_m| = 1$ 且 $|S_n| = 1$，则 $\tau_{mn} = \delta$，通过遍历所有边重复执行该合并处理。根据图识别的输出，在中心超体素的邻域中，依据图中的节点组来确认是否将其连接。

具体算法如下：

算法 5.2：基于局部连接图的聚类识别算法

输入：顶点为 V、边为 E 的图 G，即 $G=(V, E)$

输出：顶点的分段集合，即 $C=\{S_1, S_2, \cdots, S_n\}$

①根据边权重 w 将边 E 按升序排列

②初始化分段集合 $C^0=\{S_1, S_2, \cdots, S_n\}$，此时 $S_i=\{V_i\}$

③初始化阈值 $\tau_{ij}=\delta$，$I_i=0$

④取任一边 E_{ij}，且 $E_{ij} \in E$，计算 $\tau_{ij}=\max\left(I_i+\dfrac{\delta}{S_i}+\dfrac{\delta}{S_j}\right)$，若边 E_{ij} 的权重 $w_{ij} > \tau_{ij}$，则将 S_i 和 S_j 合并成一体为 S_k，即 $S_k \Leftarrow S_i \cup S_j$

⑤更新 I_i，$I_k=w_{ij}+\dfrac{\delta}{S_k}$

⑥将 S_k 并入顶点分段集合中，即 $C \Leftarrow \{C \backslash \{S_i \cup S_j\}\} \cup S_k$

5.4 案例分析

5.4.1 数据库和评估指标

本章实验使用 Visual C++ 2010 实现，具体配置为 Intel（R）Core（TM）i7-6500K 3.2 GHz 16 GB RAM Windows。

为了客观地评估识别结果的质量，本章使用 PCL 中的目标识别数据集（Object Segmentation Database，OSD），它是在 2012 年建立的用于进行识别实验的室内场景点云数据集，也是唯一可以公开获得识别标准的三维识别数据集，其中包括 110 个点云，每个点云捕获一个场景，即 110 个室内场景，分为 45 个训练集和 65 个测试集。每组桌面场景内由多个立方体或者圆柱形的物体随意组合而成，每组数据都是通过对桌面上杂乱无章的物体进行近距离扫描而获得的，不管在二维平面图像上或者三维立体点云数据内，都可以明显地观察到部分或者完全遮挡的情况，而且待识别的桌面物体之间都具有精确的边界信息。本章注意到，虽然 OSD 允许客观地将性能与其他最先进的技术进行比较，但是从单个 RGB-D 图像获得的数据集场景彼此非常相似。

本章选择正确率 Precision、查全率 Recall 和 F_1 评分，作为客观评估本章识别方法有效性和准确性的基本测量。正确率代表正确识别元素的百分比，即识别结果中的正确识别点数。查全率对应正确识别的参考数据集的百分比，即参考数据中的正确识别点数。但是，这两种评估方法分别对伪元素和识别无法识别的参考数据十分敏感，因此，同时又引入 F_1 评分以平衡正确率和查全率，作为有效性的总体测量（图 5-2）。

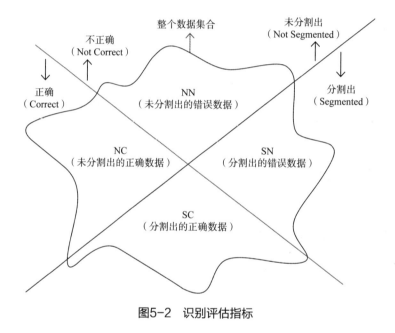

图5-2 识别评估指标

正确率 Precision：识别出正确相关结果占所有返回结果的比率，也称准确率，$P \in [0,1]$。

$$P = \text{Precision} = \frac{SC}{SC + SN} \qquad (5\text{-}22)$$

查全率 Recall：识别出正确相关结果占所有相关结果的比率，也称召回率，$R \in [0,1]$。

$$R = \text{Recall} = \frac{SC}{SC + NC} \tag{5-23}$$

F_1 评分：正确率 Precision 和查全率 Recall 的调和平均值。

$$F_1 = 2\frac{P * R}{P + R} \tag{5-24}$$

其中，SC 表示识别出的正确数据，SN 表示识别出的错误数据，NC 表示未识别出的正确数据，NN 表示未识别出的错误数据。

5.4.2　结果分析

（1）定性分析生成超体素的实验结果

一般情况下，点云数据的空间距离和几何特征可以在基本程度上实现过识别处理，得到大小均匀且表面平滑的超体素数据。本章在此基础上，改进了传统的 VCCS，对点云数据的曲率信息进行考虑，更好地描述了点云的边界属性，确保物体边缘处的超体素块更加精细，避免出现一个超体素在三维空间中跨越多个物体边界的错误问题。另外，由于通过 VCCS 算法得到的超体素都是大小一致、形状相同的，所以在对目标物体边界区域和背景区分上意义不大。而本章算法生成的超体素，在背景区域处是形状规则、均匀分布的，而在目标物体边界区域处的超体素形状是细长状，能够较好地依附于物体的边界，对识别目标物体更具有实际意义。

（2）定量分析识别算法的实验结果

将本章提出的识别算法与三种代表性算法对比，以保证点云数量、算法运行时间，以及各识别评估指标之间的完美融合，这三种算法是：

①基于平滑度约束的区域增长（Region Growing，RG）算法；

②无组织点云中将法向量差异（Difference of Normals，DoN）作为一种多尺度因子的聚类算法；

③使用局部凹凸性（Locally Convex Connected Patches，LCCP）的点云目标识别算法。

RG 算法在本书基于超体素的三维数据识别相关知识中已经介绍。DoN 算法是于 2012 年提出的一种用于识别大型无组织三维点云的新算法，算法引入法向量差异作为处理识别计算上有效的多尺度方法，通过真实室外场景数据集实验表明，算法能够将三维点云划分为比例显著的聚类。LCCP算法是一种高效的三维点云识别新方法，该方法的创新之一是将图中的边缘分类为凸面或凹面。基于此，图形被划分为具有高精度且表示对象部分的局部凸连接子图；创新之二是提出了一种与深度相关的体素网格，用它来处理远距离处点云密度降低的问题。

RG算法利用平滑度作为识别标准，场景中的平面或者光滑表面能够被很好地识别，然而，当涉及表面之间的连接部分或者粗糙平面时，会出现过识别和欠识别问题；另外，由于传统的RG算法直接作用于点云数据处理，从而导致实验识别过程中出现一些异常值和少量杂点，对获取正确的识别区域产生一定的影响。

使用DoN算法可以对规则形状的目标实现识别处理，算法去除了会对识别产生影响的低频滤波，加上高频信息对点云的识别干扰往往很小，因此可以大致上获取正确的识别结果，但由于有时低频信息和高频信息的合并结果不一致，错误的识别结果也时有发生。

LCCP算法的实验结果说明它可以识别出平滑均匀的区域，但是在识别线性形状目标时经常发生过度识别，这是因为LCCP算法中使用的扩展凹凸性准则，需要由超体素相邻表面形成的突出连接判断，但是对于某种线性形状目标，并没有足够的相邻超体素来进行单个连接的判断，因此可能无法找到精准的识别边界，最终导致不正确的识别。

本章提出的基于超体素几何特征的三维点云场景识别算法，对简单场景和复杂场景，都可以将其中的每个目标从场景中作为个体识别出来。在构建局部坐标系的帮助下，对粗糙平面和非平面的识别性能都很好，而且，使用基于超体素的结构也可以在一定程度上抑制噪声和异常值的影响（表5-1、表5-2）。

从表5-1可以看出，通过比较F_1数值，本章算法性能明显优于其他三种代表性算法，F_1数值已经达到约0.83。值得注意的是，RG算法的识别结果评估值和本章算法数值差异最小，但通过对算法运行时间进行比对，本章算法的时效性更为突出。同样，表5-2也展示出了本章算法优越的识别效果，F_1数值平均可达到约0.7211，进一步提高了物体识别的精确性。

表5-1 对样本数据集（1）的识别结果评估

评估算法	评估指标			
	Precision	Recall	F_1 评分	算法运行时间 / 秒
RG 算法	0.8162	0.8043	0.8102	25.3
DoN 算法	0.5732	0.6183	0.5949	42.5
LCCP 算法	0.6096	0.6476	0.6280	6.1
本章算法	0.8574	0.8190	0.8378	8.9

表5-2 对样本数据集（2）的识别结果评估

评估算法	评估指标（第一次测量）			评估指标（第二次测量）		
	Precision	Recall	F_1 评分	Precision	Recall	F_1 评分
RG 算法	0.8073	0.7522	0.7788	0.8437	0.7239	0.7792
DoN 算法	0.5970	0.6098	0.6033	0.5812	0.5601	0.5705
LCCP 算法	0.6545	0.6831	0.6685	0.6194	0.6038	0.6115
本章算法	0.7989	0.8720	0.8339	0.8689	0.8023	0.8343

与此同时，通过表 5-1 给出的运行时间比较，一方面证明了本章算法的实用性，另一方面通过与其他三种算法的横向比较，也说明本章算法优于传统的基于点的 RG 算法这一事实。然而，就执行效率而言，本章算法不如 LCCP 算法，这是因为在本章算法中使用的基于局部连接图的聚类识别步骤中，对图进行最佳划分的迭代操作是一个相对耗时的过程。理论上，聚类超体素的邻域越大，对图的构建就越复杂，整个识别过程需要的执行时间就越长，但是，使用较大的体素或超体素有可能会带来模糊细分。因此，为基于超体素的识别方法找到适当的超体素结构大小是一种权衡。

为了充分研究算法的性能，本章通过改变各个识别方法的相关阈值，生成了几组正确率和查全率数值对，用这些数值对来建立一条名为正确率—查全率（Precision Recall，PR）的曲线，它可以用来评估识别算法的描述性（图 5-3）。

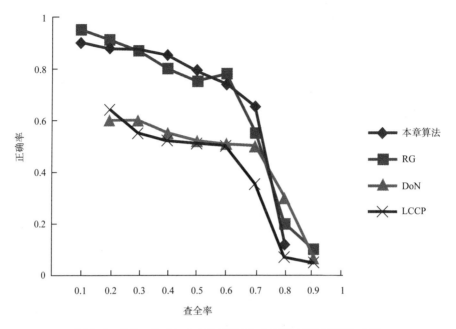

图5-3　RG、DoN、LCCP算法和本章提出算法的PR曲线

如 PR 曲线所示，本章算法的性能优于其他算法，其值大于 0.835。相比之下，传统的 RG 算法可以获得比本章算法更接近甚至更好的正确率，具有较小的查全率，这表明，对于使用过的测试样本数据，RG 算法倾向于创建过度调整的结果。从使用 LCCP 算法的 PR 曲线可以观察到类似的现象，这是因为对于这种识别方法，平滑度和凸度标准可以很好地识别平面和箱形物体，但是当涉及更复杂的表面或物体时，例如，线性形状物体或具有图案的粗糙表面，它可能会生成过度识别的表面，将整个物体分解成小碎片。PR 曲线的形状表明本章算法可以获得更好的识别，在正确率和查全率之间有很好的权衡。

此外，本章还比较了在处理不同大小数据集时算法的运行时间，该时间包含所有的处理步骤，包括创建体素和生成超体素结构的时间。从图 5-4 中可以看出，当处理的点云数量较少时，LCCP 算法需要的计算时间较少，本章算法需要比 LCCP 算法略长的计算时间。相比之下，经典的 RG 算法花费的执行时间最长，特别是在处理大规模点云时，RG 算法的执行时间也随之迅速增加。

而当测试数据集的大小增加时，其余方法的执行时间会缓慢增长。

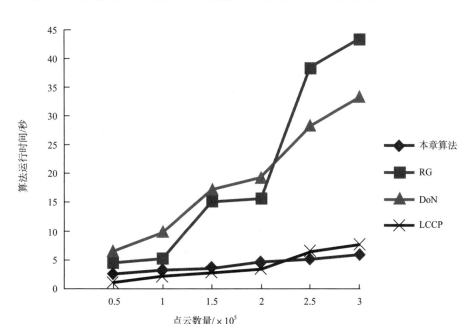

图5-4　RG、DoN、LCCP算法和本章提出算法的运行时间对比

5.5　本章小结

　　本章面向点云密度，基于构建的超体素局部坐标系精确地表示了超体素特征，提出了一个基于超体素几何特征的三维点云场景识别新算法，有效提高了对中心点法向量计算的准确性，然后对超体素进行基于视觉特性的几何特征计算，最后运用基于局部连接图执行超体素聚类，以完成点云识别，这是一种参数化、无学习过程，且完全自动地识别三维点云的解决方案。

　　一方面，本章算法中的超体素聚类是在局部上下文信息的基础上使用图理论实现的；另一方面，利用视觉特性，算法以纯几何方式进行识别，避免使用RGB 颜色和强度信息，增强了算法解决不同场景问题的适用性。实验结果表明，算法在识别精准度和运行效率上都取得了良好的实验数据，特别是对识别非平面表面的物体和复杂场景。

第6章 基于视觉显著图的 RGB-D 数据识别方法

6.1 引言

近年来，计算机科学技术的日益更新带动着图形图像处理和计算机视觉领域的迅猛发展，随之而来的是层出不穷的三维硬件设备，特别是在三维相机技术问世之后，由其获取的 RGB-D 图像数据更真实直观地接近于现实世界，这使得对 RGB-D 数据的识别处理逐步成为图形图像处理领域的一个新研究热点。

由于 RGB-D 图像数据既具有彩色图像数据颜色明亮、纹理丰富的特性，又具有深度图像数据高分辨率的优势，因此与现实世界的目标物体更为接近，尤其是在目前较为普及的机器人应用上，例如，大到汽车产业中大型机器人的配件抓取定位，小到日常服务家用扫地机器人的导航避障等。从计算机图像处理角度讲，这些机器人都与当前环境建立了很好的模式匹配、目标识别和跟踪的关系，要从纷繁复杂的环境中准确识别这些关系，首先要完成识别工作，识别结果直接影响着后续研究的进展，因此对 RGB-D 数据识别这一课题具有广泛的研究意义。

6.2 相关工作

随着消费电子产业的发展，三维数据处理技术在日常生活中越来越受欢迎。与传统的二维观看体验相比，它可以为用户提供深度感和沉浸式的观看体验。但是，三维数据处理中仍然有很多需要解决的开放性问题，例如，三维立体图像的视觉显著图就是三维研究中最基本的问题之一，其目的是在自然图像中找到与其邻域相比较为突出的兴趣区域，它可以用于优化三维视频编码中的比特分配、立体图像质量评估中的空间合并，以及图像和视频中的压缩域。

显著性检测技术已经广泛应用于各种二维多媒体处理应用中，这些模型通过手工处理的低级特征，如亮度、颜色、对比度和纹理来评估彩色图像的显著性，这些特征没有利用深度线索，因此，传统的二维显著性分析模型无法准确预测人们在三维场景中的视角。与二维图像的显著性检测不同，在立体图像的显著性检测中必须考虑深度特征，为了改进预测的精准程度，一些研究者通过考虑深度信息来模拟三维立体图像的视觉显著图。例如，在计算三维立体图像的显著性时，应用颜色、亮度、纹理和深度特征的对比程度来评估三维立体图像的显著图框架被提出，采用传统手工方法提取低级特征和深度特征。三维视觉显著性检测模型利用低级特征和深度特征生成不一致数据。对于这种方法，手工处理的特征提取阶段不能分层次地从原始像素中有效且准确地提取特征，因此算法性能表现得很有限。

三维视觉显著性是视觉引导应用的基础，如虚拟现实中的人机交互、图像质量评估、目标跟踪和图形图像检索。当所要求的深度图或者辅助线索的质量足够高时，用于三维视觉显著性的经典模型可以绘制适当的显著图，然而，深度图通常受到来自三维立体匹配中的故障或者距离传感器中的多径伪像，包括孔和噪声的影响。在这些情况下，低级视觉特征的检测可能会失败，三维视觉显著性的生成也会出现挑战。

近年来，深度学习技术的兴起为三维视觉显著性检测提供了新的思路和方法。与传统的基于手工设计的低级特征不同，深度学习模型能够自动从海量数据中学习高层次的抽象特征，这些特征更能准确地反映图像或场景的内在结构和语义信息。在三维视觉显著性检测中，深度学习模型能够同时处理 RGB 信息和深度信息，通过多模态融合的方式，更全面地捕捉立体图像的显著区域。

例如，卷积神经网络（CNN）已被广泛应用于二维图像显著性检测，并取得了显著成效。而在三维领域，研究者们开始探索如何将 CNN 扩展到三维数据上，如使用三维卷积核处理体素数据（Voxel Data）或深度图，以及结合图网络（Graph Networks）处理点云数据。此外，循环神经网络（RNN）和长短期记忆网络（LSTM）等序列模型也被应用于处理视频中的三维数据，以捕捉时间维度上的动态显著性变化。

尽管深度学习为三维视觉显著性检测带来了巨大潜力，但仍面临诸多挑战。首先，三维数据的获取和处理相比二维图像更为复杂和昂贵，尤其是在实时性要求较高的应用场景中。其次，深度信息的质量往往受限于传感器技术和环境条件，如光照变化、遮挡、噪声等，这些因素都可能影响显著性检测的准确性。

为了应对这些挑战，研究者们提出了多种解决方案。一方面，通过优化传感器设计和算法处理，可以提高深度数据的精度和鲁棒性。例如，采用多传感器融合技术，结合不同传感器的优势，提升深度信息的准确性。另一方面，在深度学习模型中引入注意力机制、对抗训练等技术，提高模型对噪声和干扰的抵抗能力，同时增强模型的泛化能力。

随着三维数据处理技术的不断成熟和普及，三维视觉显著性检测的应用前景十分广阔。在虚拟现实（VR）和增强现实（AR）领域，三维视觉显著性检测可用于优化人机交互体验，提高场景的真实感和沉浸感。在图像和视频压缩领域，通过精准地将比特分配给显著区域，可以在保证视觉质量的前提下，有效降低存储和传输成本。此外，在图像质量评估、目标跟踪、图形图像检索等领域，三维视觉显著性检测也发挥着重要作用。

未来，随着深度学习、计算机视觉、传感器技术等领域的持续发展，三维视觉显著性检测将更加智能化、高效化、精细化。同时，随着5G、物联网等新型基础设施的普及，三维数据将更加便捷地传输和共享，为三维视觉显著性检测技术的广泛应用提供有力支撑。我们有理由相信，在不久的将来，三维视觉显著性检测将成为推动消费电子产业乃至整个信息技术领域发展的重要力量。

6.3 方法描述

本章提出了基于视觉显著图的RGB-D数据识别新方法，运用视觉显著图的平均显著值指导超体素识别，将不同的平均显著值作为点云体素的特征描述，再结合体素的空间距离、颜色距离和亮度距离度量，实现初始超体素的识别。

首先，对于输入的 RGB-D 数据，即一张 RGB 三基色彩色图像和一张深度图像，运用视觉显著性图像检测方法分别生成 RGB 显著图和深度显著图。为提高生成显著图的精准程度，也为后续超体素识别打下良好基础，本章选取了三种典型的视觉显著性图像检测方法进行分析，它们是小波变换、MBD 变换和鲁棒性背景检测，再通过融合这两个显著图获得三维 RGB-D 数据的最终视觉显著图。同时，对输入的 RGB-D 数据生成相应的点云数据。其次，依据不同显著值对显著图运用 k-means 识别成 k 个区域，相同的识别也将点云数据分为 k 个聚类，这个聚类按照其平均显著值的大小以升序排列存储，再根据非兴趣采样点选取种子点，采用平均显著值、空间特征、颜色特征和亮度特征距离度量描述点云体素，生成初始超体素。最后，基于超体素的几何距离和色彩信息特征描述，通过迭代合并获得最终的识别结果。

本章提出的识别算法主要由以下五个部分组成：

① 6.3.1 节描述了如何由 RGB-D 数据生成显著图，本章选取了三种典型的视觉显著性图像检测方法进行分析，它们是小波变换、MBD 变换和鲁棒性背景检测；

②如何由 RGB-D 数据生成点云数据，6.3.2 节详细介绍了具体原理和相关计算公式；

③ 6.3.3 节作为初始超体素识别方法的部分，通过平均显著值、空间距离、颜色距离和亮度距离描述体素，进行迭代聚类；

④ 6.3.4 节具体说明了如何运用几何距离和色彩信息度量超体素的特征描述，为后续的迭代合并提供依据；

⑤ 6.3.5 节具体说明了超体素的迭代合并过程，获得了最终的超体素识别。

6.3.1 由 RGB-D 数据生成显著图

RGB-D 图像数据实际上是两张图像：一张是普通的 RGB 三基色彩色图像，另一张是深度图像（Depth map）。在三维计算机图形中，深度图像近似灰度图像，它的每个像素值是传感器到目标物体的实际距离。通常，RGB 图像和深度图像是配准的，因而像素点之间具有一一对应的关系。

为了从 RGB-D 图像数据中计算显著图，本章选取了三种典型的视觉显著性图像检测方法进行分析，它们是小波变换、MBD 变换和鲁棒性背景检测，下面做分别论述。

（1）小波变换

小波变换模型通过增加带宽或频率分量从较高值到较低值来创建特征图，整体流程如下：

①加载 RGB 图像，然后将 RGB 颜色空间转成 Lab 颜色空间，从而产生 Lab 图像；

②分别通过 L，a，b 三个通道生成各自的特征图，并合并产生最终的特征图，其中 L 是强度通道，a 是红绿色通道，b 是蓝黄色通道；

③在特征图上作局部显著性计算和全局显著性计算，分别得到局部显著图和全局显著图，将二者融合，得到最终的显著图。

在特征图计算这一部分，首先运用二维高斯低通滤波对输入的彩色图像进行去噪，然后将图像的每个通道都归一化到 [0，255]。然后基于 Daubechies 小波滤波器大小适合于像素邻域及其计算时间和整体结果，将 Daubechies 小波运用到图像的子带中，以形成多个层级，并运用多个层级子带计算特征图，公式如下：

$$f_s^c(x,y) = \frac{\left[IWT_s(H_s^c, V_s^c, D_s^c) \right]^2}{\eta} \tag{6-1}$$

其中，$f_s^c(x,y)$ 代表从第 s 层子带产生的特征图。H_s^c，V_s^c 和 D_s^c 分别是对给定 c 和 s 在水平、垂直和对角线细节处的小波系数，它们代表了各种尺度的图像细节，用来创建具有增加的频率带宽的若干特征图。$IWT_s(\cdot)$ 是对 H_s^c，V_s^c 和 D_s^c 的重构函数。η 是尺度因子，由于每个通道的 Lab 输入图像范围是 [0，255]，这对式（6-1）中的特征值来说范围很大，因此，一个适当的 η 数值是限制特征图的缩放因子，以免在全局显著图计算中，特征图之间的协方差矩阵发生巨大变化。

获得特征图之后，通过计算局部特征的全局分布来获得全局显著图，而局部显著图是通过不做归一化的线性融合每个级别的特征图得到的，最终的显著图是通过结合局部显著图和全局显著图获取的，相应的公式定义为：

$$S'(x,y) = M\left[S'_L(x,y) \times \mathrm{e}^{S'_G(x,y)} \right] * l_{k*k} \tag{6-2}$$

这里，$S'(x,y)$ 是最终的显著图，$S'_L(x,y)$ 和 $S'_G(x,y)$ 是局部显著图和全局显著图线性放缩到 $[0, 1]$ 的结果。

（2）MBD 变换

MBD 变换模型提出了一个基于光栅扫描（Raster Scan）的方法，它高效地实现了对 MBD 变换效率的提升。在一个二维数字图像 L 中，路径 $\pi = \langle \pi(0), \cdots, \pi(k) \rangle$ 表示图像 L 上的像素序列，其中连续的像素对处于相邻位置，这里只考虑 4 邻域路径。给定一个路径成本函数 F 和种子集 S，距离变换问题需要计算距离图 D，使得对于每个像素 t 都有：

$$D(t) = \min_{\pi \in \Pi_{S,t}} F(\pi) \tag{6-3}$$

其中，$\Pi_{S,t}$ 是连接 S 和 t 种子像素的所有路径的集合。

再使用测地线距离（Geodesic Distance）进行显著性目标检测，给定一个单通道图像 L，测地线路径成本函数 Σ_L 定义如下，其中 $L(\cdot)$ 表示像素值：

$$\Sigma_L(\pi) = \sum_{i=1}^{k} \left| L[\pi(i-1)] - L[\pi(i)] \right| \tag{6-4}$$

那么，MBD 变换的具体计算公式为：

$$\beta_L(\pi) = \max_{i=0}^{k} L[\pi(i)] - \min_{i=0}^{k} L[\pi(i)] \tag{6-5}$$

与使用测地线距离相比，MBD 变换在种子识别方面显示出了对噪声和模糊较好的稳健性，但是提取 MBD 变换的时间复杂度较大，约为 $O(mn*\log n)$，其中，n 是图像像素个数，m 是图像中包含的不同像素值数量，因此该模型提出运用光栅扫描进行加速，与用于测地线或欧式距离变换的光栅扫描算法类似，在通过期间，需要以光栅扫描或反向光栅扫描顺序访问每个像

素 x，再利用 x 邻域对应一半区域中的每个邻域 y，对 x 处的路径成本进行最小化迭代处理，其计算公式为：

$$D(x) \leftarrow \min \begin{cases} D(x) \\ \beta_L(P(y) \cdot \langle y, x \rangle) \end{cases} \tag{6-6}$$

其中，$P(y)$ 表示目前像素 y 被分配得到的路径，(y, x) 表示 y 到 x 的边，$P(y) \cdot P \langle y, x \rangle$ 表示将边 $\langle y, x \rangle$ 附加到路径 $P(y)$，若由 $P_y(x)$ 指代 $P(y) \cdot P \langle y, x \rangle$，则有：

$$\beta_L(P_y(x)) = \max\{U(y), L(x)\} - \min\{J(y), L(x)\} \tag{6-7}$$

其中，$U(y)$ 和 $J(y)$ 是 $P(y)$ 中的最高像素值和最低像素值，因此可以通过两个辅助图 U 和 J 来有效计算新的 MDB 成本函数，即使用两个辅助图 U 和 J 来跟踪每个像素的当前路径上的最高值和最低值。

（3）鲁棒性背景检测

利用背景的先验知识实现检测是目前显著性检测中的一种有效形式，但大多数背景先验信息的获取都是以图像区域是否与边界关联作为判断基准的，这导致了前景噪声很容易被引入。该模型提出了一种量化方法来量化区域 R 与图像边界的连接程度，称之为边界连通性，主要利用连续性来提高背景先验的稳健性，用来表征图像区域相对于图像边界的空间布局鲁棒性，有效弥补了先前显著性测量中缺乏的独特优势。

在很多问题中，人们很难识别有效的显著性区域，为了解决这一问题，采用关联性方法进行背景优化，边界连通性可定义为：

$$BndCon(R) = \frac{|\{p \mid p \in R, p \in Bnd\}|}{\sqrt{|\{p \mid p \in R\}|}} \tag{6-8}$$

其中，p 是图像块，Bnd 是图像边界块的集合，其几何解释为：边界上的区域与该区域的整体边界或其面积的平方根的比率。由于上式计算困难，近似采用以下公式计算：

$$BndCon(p) = \frac{Len_{bnd}(p)}{\sqrt{Area(p)}} \tag{6-9}$$

上述公式成功地将边界关联程度转化为一个可以用数据度量的形式，其中 Len 描述了区域和图像边界关联的长度，而整个区域的面积用 Area 表示。

在日常生活中，人们通过视觉对两个物体实现分离是很容易的，但同种情况发生在图像处理中时，人眼对其物体边界的判别是很困难的，这间接导致了上述公式中对长度和面积的输出都不太可能，所以考虑使用最短路径构造一个相似度度量，其计算公式如下：

$$d_{geo}(p,q) = \min_{p_1 = p, p_2, \cdots, p_n = q} \sum_{i=1}^{n-1} d_{app}(p_i, p_{i+1}) \tag{6-10}$$

其中，$geo(p, q)$ 表示 p 与 q 之间距离的最短路径，它用来度量两个超像素块之间无间隔的相似程度，需要特殊说明的是，若某颜色超像素块间隔了与之颜色截然相反的两块超像素，而这两个超像素块的颜色又非常相似，那么它们之间的最短路径也会有所增加。在已经获取了相似度之后，计算面积部分：

$$Area(p) = \sum_{i=1}^{N} \exp\left[-\frac{d_{geo}^2(p, p_i)}{2\sigma_{clr}^2}\right] = \sum_{i=1}^{N} S(p, p_i) \tag{6-11}$$

从公式中可以看出，这里主要是将上述的相似度引入，进行下一步的计算，同时在高斯权重函数的协助下，将此相似度转换成（0，1］之间的数值，当两个超像素区域无限相似，其数值将无限接近于 1。

在分别获取了颜色显著图 S_{color} 和深度显著图 S_{depth} 之后，将二者融合为一张精确的显著图是非常重要的。现有的大多数三维显著性检测研究使用简单的线性组合来融合各类不同的显著图以获得最终结果，该线性组合的权重参数一般设置为常数值，并且对于所有图像都相同。本章借鉴融合特征图的方法，为颜色显著图和深度显著图分配自适应加权参数，将二者实现自适应融合，得到最终显著图。

众所周知，视觉显著性是人类视觉系统中用于视觉信息处理的重要特征，由于人类视觉总是关注图像中的一些特定感兴趣区域，因此，良好显著图中的显著区域应该是小而紧凑的区域。在不同特征显著图的融合过程中，可以为那些具有小而紧凑的显著区域的显著图分配更多权重，而对于具有更多扩展显著区域的显著图则分配更少的权重。本节通过显著图的空间方差来定义紧凑度的度量，显著性映射 S_k 的空间方差 v_k 可以进行如下计算：

$$v_k = \frac{\sqrt{(i - E_{i,\text{color}})^2 + (j - E_{j,\text{color}})^2} \cdot S_{\text{color}}(i,j)}{F_{\text{color}}(i,j)} + \frac{\sqrt{(i - E_{i,\text{depth}})^2 + (j - E_{j,\text{depth}})^2} \cdot S_{\text{depth}}(i,j)}{F_{\text{depth}}(i,j)} \tag{6-12}$$

其中，(i, j) 是显著图的空间位置，color 和 depth 分别表示颜色特征通道和深度特征通道，$(E_{i,\text{color}}, E_{j,\text{color}})$ 和 $(E_{i,\text{depth}}, E_{j,\text{depth}})$ 分别是颜色显著区域和深度显著区域的空间期望位置，其计算如下：

$$\begin{cases} E_{i,\text{color}} = \dfrac{\sum_{(i,j)} i \cdot S_{\text{color}}(i,j)}{\sum_{(i,j)} S_{\text{color}}(i,j)} \\ E_{j,\text{color}} = \dfrac{\sum_{(i,j)} j \cdot S_{\text{color}}(i,j)}{\sum_{(i,j)} S_{\text{color}}(i,j)} \end{cases} \tag{6-13}$$

$$\begin{cases} E_{i,\text{depth}} = \dfrac{\sum_{(i,j)} i \cdot S_{\text{depth}}(i,j)}{\sum_{(i,j)} S_{\text{depth}}(i,j)} \\ E_{j,\text{depth}} = \dfrac{\sum_{(i,j)} j \cdot S_{\text{depth}}(i,j)}{\sum_{(i,j)} S_{\text{depth}}(i,j)} \end{cases} \tag{6-14}$$

接下来，使用归一化的 v_k 值来表示显著图的紧凑度属性，对于较大的空间方差值，显著图应该不那么紧凑。如下公式用来计算显著性映射 S_k 的紧凑度 C_k。

$$C_k = \frac{1}{e^{v_k}} \qquad (6\text{-}15)$$

基于显著图空间方差值，得到最终的显著图如下：

$$S = \sum_k C_k \cdot S_k + \sum_{p \neq q} C_p \cdot C_q \cdot S_p \cdot S_q \qquad (6\text{-}16)$$

式（6-16）中的第一项表示通过相应的紧凑度加权显著图的线性组合，而第二项是通过任意两个不同显著图检测到的共同显著区域。与现有大多数算法中使用不同图像的恒定加权值不同，本小节的融合方法基于其紧凑度属性为不同图像分配不同的加权值，后续的识别也在此基础上进行。为进一步提高性能，广泛使用的中心偏置机制也被采用以增强最终的三维显著图效果。

6.3.2 由 RGB-D 数据生成点云数据

这里由 RGB-D 数据生成的点云数据直接运用 PCL 的相关内容。从两个图像可以读出空间世界的一些局部信息，假设用点云描述空间世界，表示为 $X = \{x_1, \cdots, x_n\}$，并用 6 个分量 r，g，b，x，y，z 分别表示每个点的具体特征，其中包含存储于彩色图像中的颜色信息 r，g，b，空间位置 x，y，z，其具体数值的计算可以通过图像和摄相机模型的实际方位获取。

由分析可知，一个空间点 $O(x, y, z)$ 和它在图像中的像素坐标 (u, v, d) 之间的对应关系可表示为以下公式，其中 d 代表深度数据。

$$\begin{aligned} u &= \frac{x \cdot f_x}{z} + c_x \\ v &= \frac{y \cdot f_y}{z} + c_y \\ d &= z \cdot s \end{aligned} \qquad (6\text{-}17)$$

式中，x 和 y 两个坐标轴上的摄像机焦距分别用 f_x 和 f_y 表示，摄像机的光圈中心用 C_x 和 C_y 表示。在缩放性方面，将深度图像中的数据与实际距离的比例用缩放因子（Scaling Factor）表示，简称 s。当把 (u, v, d) 作为已知，就可以推导出 (x, y, z) 的计算公式，即构建点云的计算公式：

$$x = (u - c_x) \cdot z / f_x$$
$$y = (v - c_y) \cdot z / f_y \quad\quad （6-18）$$
$$z = d / s$$

为统一规范地进行标准化计算，常常设定摄像机的内部不变参数矩阵为C，用来定义四个参数f_x，f_y，C_x和C_y。摄像机的内参矩阵设定方法多种多样，在明确内参后，构建点云中每个点的计算公式就可以用下面结构整齐的矩阵模型来替代：

$$s \cdot \begin{bmatrix} u \\ v \\ 1 \end{bmatrix} = C \cdot \left(R \cdot \begin{bmatrix} x \\ y \\ z \end{bmatrix} + t \right) \quad\quad （6-19）$$

由公式可知，分别用旋转矩阵R和位移矢量t表示摄像机的不同摆放位置，若摆放的摄像机产生了位置偏移和旋转角度，那么只要将对应的空间点进行旋转矩阵和位移矢量操作即可。鉴于本章的实验对象是单幅点云数据，所以本章设定R为单位矩阵，设定t为零，通常用short数组（以mm单位）表示深度图像中的每个像素数据，s取值为1000。

6.3.3 生成初始超体素识别

在生成显著图后，本章采用k-means聚类将显著图识别成k个区域，相同的识别也将点云划分为k个聚类，将这个聚类按照其平均显著数值大小以升序排列存储。由于具有较高平均显著性数值的点云数据将具有更密集的种子分布，而具有较低平均显著性数值的点云数据分布较为稀疏。因此，本节采用平均显著性距离、空间距离、颜色距离和亮度距离进行迭代聚类，设两点p_i和p_j之间的平均显著性距离、空间距离、颜色距离和亮度距离公式如下：

$$d_{i,j}^{\text{Saliency}} = |s_i - s_j| \quad\quad （6-20）$$

$$d_{i,j}^{\text{Distance}} = \sqrt{(x_i - x_j)^2 + (y_i - y_j)^2 + (z_i - z_j)^2} \quad\quad （6-21）$$

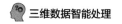

$$d_{i,j}{}^{\text{Color}} = \sqrt{(a_i - a_j)^2 + (b_i - b_j)^2} \qquad (6\text{-}22)$$

$$d_{i,j}{}^{\text{Light}} = \sqrt{(L_i - L_j)^2} \qquad (6\text{-}23)$$

则两点的总特征距离度量公式为：

$$D(p_i, p_j) = \alpha d_{i,j}{}^{\text{Saliency}} + \beta d_{i,j}{}^{\text{Distance}} + \gamma d_{i,j}{}^{\text{Color}} + \vartheta d_{i,j}{}^{\text{Light}} \qquad (6\text{-}24)$$

其中，S_i 表示体素 i 生成显著图中的平均显著值，α，β，γ 和 ϑ 是每个距离的权重，分别控制聚类中平均显著性距离、空间距离、颜色距离和亮度距离的影响，且 $\alpha + \beta + \gamma + \vartheta = 1$。

在由 RGB-D 数据生成的点云数据中随机选取一个点 p_0 作为初始种子点。在本节选取种子点的过程中，目标种子点定义为非兴趣采样点，设兴趣采样点队列为 L_1，非兴趣采样点队列为 L_2，首先将 L_1 初始化为空，并把 p_0 加入 L_1 中，同时将 L_2 也初始化为空。

判断兴趣采样点队列 L_1 是否为空，若 L_1 不为空，则从 L_1 中选出一个点 p_i，在以 p_i 为圆心、R 和 $2R$ 为半径的同心圆区域内，随机选择候选采样点 p_s，若 p_s 与已有种子点 p_i 的距离大于 R，则将 p_s 加入 L_1；如果尝试 N_1 次仍没有找到符合条件的候选采样点，则将 p_i 从 L_1 中删除，加入 L_2 中。其中，N_1 为预设数值，最终，L_2 中的点即为所选种子点。

将得到的种子点作为初始聚类中心，进行区域搜索聚类以生成超体素。首先定义搜索区域在聚类中心的 $2R \times 2R$ 邻域内，计算各个聚类中心邻域范围内的点与该聚类中心的距离，将每一个非聚类中心点归属到与它特征距离最小的聚类中心，以完成第一次聚类过程。

下面是迭代聚类过程。根据第一次聚类的结果，重新计算每个聚类的中心，新的聚类中心特征值是每一个聚类中所有点对应特征的平均值，然后在该聚类中选取与新的聚类中心特征值最接近的点作为新的聚类中心点，按照上述特征距离计算和归属方法重新计算各非聚类中心点的所属类别，迭代 N 次结束。当迭代计算结束后，每一聚类中的点即形成一个初始超体素。

6.3.4 基于几何距离和颜色距离的超体素特征描述

定义两个超体素之间几何距离的几何数据项 SV_g 和颜色距离的色彩数据项 SV_c，为了有效并精确地描述超体素特征，必须将这两个数据项实现完美组合，但由于几何特征数据和颜色数据无论在分布形式，还是在运动趋势上，都是两种截然不同的数据类型。因此，首先需要将两个数据项 SV_g 和 SV_c 转换到同一个域值上，再定义两个形变参数 TP_g 和 TP_c，分别将 SV_g 和 SV_c 从它们各自不同的初始域值变换为统一域值，范围在 0 到 1 之间。

（1）几何距离数据项

这里的几何距离数据项与超体素几何特征的计算中的几何距离数据项 SV_g 相同，这里不做过多赘述。

（2）颜色距离数据项

为了更好地与人类色彩感知匹配，选择使用 Lab 色彩域和标准 CIEDE2000 色差。对于任何两个超体素 V_i 和 V_j，计算以 L, α, β 为项数的 $M_i = \left[\mu_{(L,i)}, \mu_{(\alpha,i)}, \mu_{(\beta,i)}\right]$ 和 $M_j = \left[\mu_{(L,j)}, \mu_{(\alpha,j)}, \mu_{(\beta,j)}\right]$ 的平均值，两个超体素 V_i 和 V_j 之间的颜色距离数据项 SV_c 定义如下：

$$SV_c(V_i, V_j) = \frac{\Delta E_{00}(M_i, M_j)}{R_{\Delta E_{00}}} \quad （6-25）$$

其中，ΔE_{00} 表示 CIEDE2000 色差，$R_{\Delta E_{00}}$ 表示色域值。在获取了 SV_g 和 SV_c 数值后，再通过两个形变参数 TP_g 和 TP_c 将 SV_g 和 SV_c 进行均衡化转换，以便它们合并在一起时，不会出现排他互异性。

给定某未知分布函数 $f[0, m]$，通过输入 n_{in} 个元素对函数 f 采样，以获取样本分布情况，设输出样本次数为 n_{out}，则输出频率可以表示为 $p_i = n_{out}/n_{in}$，函数 f 的累积分布为 $cdf_{feature}(i) = \sum_{j=0}^{i} p_j$，则均衡化转换公式为：

$$\begin{cases} TP_g(i) = \dfrac{1}{2}\mathrm{cd}f_{SV_g}(i) \\[2mm] TP_c(j) = \dfrac{1}{2}\mathrm{cd}f_{SV_c}(j) \end{cases} \qquad (6\text{-}26)$$

综上所述，任何两个超体素 V_i 和 V_j 之间的距离度量公式 $SV(V_i, V_j)$ 表示为：

$$SV(V_i,V_j) = TP_g\left[SV_g(V_i,V_j)\right] + TP_c\left[SV_c(V_i,V_j)\right] \qquad (6\text{-}27)$$

6.3.5　超体素迭代合并

将上一小节中的距离度量作为合并两个相邻超体素的依据，该距离度量越小，说明两个超体素越相似，应该予以合并；反之，两个超体素距离越远，该度量值越大，这两个超体素应该被断开。迭代地执行此过程，直至满足预先设定的阈值要求或合并区域数量为 2，即只有前景和背景。

设初始超体素为 V^m，用 V^m 建立无向加权图 $G^m = \{V^m, W^m\}$，这里的 $W^m = SV(V_i^m, V_j^m)$（任意的 $i \neq j$，且 $(V_i^m, V_j^m) \in V^m$）表示两个超体素之间的距离。

当第 k 次迭代时，$m-k$ 个识别区域组成了超体素 V^{m-k}，其中 $0 \leqslant k \leqslant m-2$。如果 $W^{m-k} = \min W^{m-k}$，则将两个超体素 (V_i^{m-k}, V_j^{m-k}) 合并，得到一个新的识别区域 $V^{m-(k+1)}$。当 $k = m-2$ 时，算法停止，并返回区域 $V = \{V^m, \cdots, V^2\}$，从而可以获得所需区域的数量。

6.4　案例分析

6.4.1　视觉显著性检测方法分析

本章在 NYUV2 和 SUNRGB-D 标准 RGB-D 数据集上进行了对比实验。

NYUV2 数据集包含 35064 个不同的对象，涵盖 894 个不同的类别，具体由 1449 个 RGB-D 图像组成，这些图像来自不同城市的各种商业和住宅建筑，包括 46 个场景类别中的 464 个不同的室内场景。如果某场景中包含对象类的多个实例，则每个实例会接收到唯一的实例标签，例如，在同一图像中的两个不同座椅将被标记为座椅 1 和座椅 2，以唯一地识别它们。

SUNRGB-D 数据集由四个不同的传感器捕获，包括 10335 个 RGB-D 图像，含有颜色信息和深度信息，其比例与 PASCAL VOC 数据集相似，整个数据集密集注释，其中二维多边形 146617 个、具有精确对象方向的三维边界框 58657 个，以及三维房间布局和场景类别。本章使用 400 个随机选择的图像来评估选取的显著性模型方法，融合系数 w=0.8。

从另一个方面，本节仍然采用 PR 曲线评估这三种显著性检测方法的性能（图 6-1）。

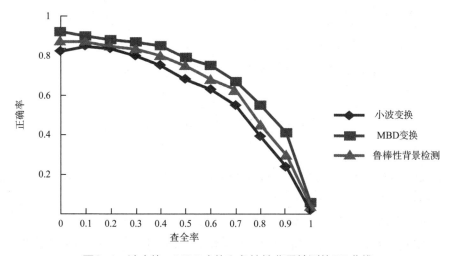

图6-1　波变换、MBD变换和鲁棒性背景检测的PR曲线

如图 6-1 所示，在每一个查全率数值确定相同的情况下，MBD 变换对应的正确率比小波变换和鲁棒性背景检测都要高。同时，MBD 变换对应的 F_1 评分数值为 0.7045，而小波变换和鲁棒性背景检测对应的 F_1 评分数值分别为 0.6743 和 0.6920，MBD 变换与其他方法相比占优。

综合以上定性和定量分析评估，为下一步的超体素识别奠定良好的识别基础，最终选择 MBD 变换显著性检测方法生成显著图。

6.4.2　识别性能量化对比

为了对实验结果进行量化对比，本章采用了两种量化指标。

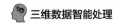

①概率兰特指数（Probabilistic Rand Index，PRI）

用于统计实验识别结果的边界标记体素与真实识别结果保持一致的数目，即识别结果的边缘准确度。公式如下：

$$PRI(S_{\text{test}}, \{S_k\}) = \frac{1}{\binom{N}{2}} \sum_{i<j} [c_{ij} p_{ij} + (1-c_{ij})(1-p_{ij})] \qquad (6\text{-}28)$$

其中，S_{test} 是识别结果，集合 $\{S_k\}$ 表示真实识别结果，即识别真值，N 表示图像中的体素点个数，c_{ij} 表示识别结果中体素点对 i 和 j 具有相似性，p_{ij} 是针对随机变量在识别真值图像上建立的伯努利分布的期望值。

②欠融合误差（Under-Segmentation Eirror，USE）

欠融合误差指标表征识别结果的边界保持性能。公式如下：

$$USE = \frac{1}{N} \left[\sum_{i=1}^{M} \left(\sum_{s_j|s_j \bigcap g_i > B} |S_j| \right) - N \right] \qquad (6\text{-}29)$$

其中，$s_j|s_j \bigcap g_i$ 表示点云 S_j 穿越边界 g_i 的数量，$|s_j|$ 表示点云 S_j 的数量，一般设置识别区域 B 为点云 S_j 数量的 5%。

综上所述，较好的识别算法应该具有高 PRI 值，低 USE 值。本章引用 SVM 监督学习方法、基于曲率的三维区域生长算法和本章识别算法进行比较，具体数值如表 6-1 所示。

表6-1　本章算法与其他算法的识别结果性能对比

评估算法	评估指标（第一次测量）		评估指标（第二次测量）		评估指标平均值	
	PRI	USE	PRI	USE	PRI	USE
SVM 监督算法	0.7659	0.1630	0.7798	0.1598	0.7729	0.1614
三维区域生长算法	0.7840	0.1534	0.7651	0.1458	0.7746	0.1496
本章算法	0.8023	0.1239	0.8149	0.1152	0.8086	0.1196

同时，在评定算法的运行时间方面，本章通过数据集做了180组识别实验，实验平台为 Intel（R）Core（TM）i7-6500K 3.2 GHz 16 GB RAM Windows，运用 OPENCV 和 PCL 库，在 Visual Studio 2013 软件环境下编译。选择 320×240、512×512 和 640×480 三种尺寸的图像实验，三种算法的平均运行时间如表 6-2 所示。

表6-2　本章算法与其他算法对不同尺寸图像的识别时间

评估算法	不同的图像尺寸		
	320×240	512×512	640×480
SVM 监督算法	1.69	6.45	8.40
三维区域生长算法	1.48	4.98	6.42
本章算法	1.56	5.10	7.48

由表 6-2 可以看出，与 SVM 监督学习算法相比，本章算法具有较高的时间效率和明显的识别性能，虽然在算法执行时间上略高于基于曲率的三维区域生长算法，但在识别性能指标上显示出较大优势。

6.5　本章小结

针对 RGB-D 数据识别问题，提出了基于视觉显著图指导生成超体素的新方法。首先采用视觉显著性图像检测方法生成 RGB 显著图和深度显著图，将二者融合获得三维显著图。再对 RGB-D 数据生成相应的点云，依据不同的平均显著值对显著图运用 k-means 识别成 k 个区域，点云也被识别成按平均显著值大小升序排列存储的 k 个聚类。之后根据非兴趣采样点选取种子点，结合平均显著值、空间、颜色和亮度的特征距离描述点云体素生成初始超体素。最后基于超体素的几何距离和色彩信息特征描述，通过迭代合并获得最终的识别结果。

在实验方面，本章从视觉显著性检测方法分析、识别性能量化对比和

RGB-D 数据识别实验结果三个方面对算法性能以分析和讨论。一方面归纳了本章算法的性能，证明了生成视觉显著图的识别结果更加准确和均匀，在计算效率方面也更加便捷和高效；另一方面也总结了算法的不足之处，为今后进行研究改进指明了方向。

第7章　基于 FCM 和离散正则化的多目标图像识别

7.1　引言

图像识别是机器视觉中的一个基础问题，同时是图像处理、图像分析、模式识别与跟踪的重要内容。在多目标识别领域，图像识别的目标是根据图像具有的相似特性或单一属性，如灰度值分布、边缘轮廓、结构、色彩和形状等，将图像识别为多个区域并提取感兴趣的部分。目前，对它的探讨极为广泛。K-means、贝叶斯分类（Bayesian）与分水岭算法（Watershed）相结合方法识别多细胞图像。融合先验概率模型的随机游走图像识别算法加入用户交互，对没有标记的独立目标可以实现正确的识别。基于像素和随机子窗口决策树的通用图像用于分类标注方法，以及基于尺度空间的图像识别区域竞争算法。

针对机器视觉中的多目标图像识别问题，本章提出了一种适用于多目标物体的图像识别算法：首先对图像进行图像增强预处理；然后采用基于直方图的模糊 C 均值聚类算法完成分类任务，实现图像的初识别，将分类后的像素作为种子集；最后利用离散正则化的半监督方法得到自动修正分类结果。实验结果表明，与已有的多目标识别算法相比，该算法的识别结果更加精确。

本章安排如下：7.2 节给出模糊 C 均值聚类和离散正则化的基本原理，并总结了这些年提出的相关新算法；在 7.2 节理论原理的基础上提出本章算法，对本章识别算法的具体步骤从预处理、聚类识别、离散正则化半监督修正三个方面阐述，详见 7.3 节；7.4 节给出了识别算法的实验结果和实验分析；7.5 节是本章小结。

7.2 相关工作

7.2.1 模糊 C 均值聚类原理

模糊 C 均值聚类（Fuzzy C-Means，FCM）算法是将图像中属性一致的像素进行模糊聚类，然后对每类像素分别标定来实现图像识别的。该算法是1974 年提出的一种模糊目标函数法。以最小类内平方误差和为聚类准则，通过最小化目标函数过程来实现对数据集的模糊划分，同时计算样本对每个类别的模糊隶属度，最后将全部数据划分到最大隶属度类别中。该聚类算法需要人为地给出聚类数目及初始聚类中心值，然后求解目标函数的极小值。它较适合存在不确定性和模糊性的灰度图像识别中，可减少人为干预。陈圣国（2013）等提出了基于 FCM 和随机游走的地层图像识别方法。许晓丽（2019）等提出了一种改进近邻传播聚类的彩色图像识别算法。

7.2.2 离散正则化原理

离散正则化方法是图像处理和机器视觉的重要研究工具，广泛应用于图像去噪、简化、识别和目标跟踪中，能够在一定程度上去除图像噪声并实现图像识别效果。离散正则化模型是建立在求解最小能量函数的基础上，即在离散图像数据中最小化连续偏微分方程。基于图的离散正则化架构，应用于标量图像、矢量图像、流体、数据集平滑和多边形图像曲面简化及图像识别等。使用离散正则化方法对任意图结构进行平滑去噪，将图像数据看作离散变量来求解最小正则化方程。基于任意权重图的离散正则化架构，对微细胞图像进行监督或半监督分类，完成对微细胞的图像识别。

本章采用 FCM 和离散正则化半监督方法相结合实现对多目标图像识别并自动修正识别结果。目前的离散正则化算法主要用于识别单目标物体，当用于多目标物体识别时需要与交互式方法相结合，即人为地标记目标物体和背景，而本章不采用人为标记方式，而是采用自动实现对多目标图像进行识别。用 f^0 表示给定的正则化图像函数，根据 f^0 对应求出函数 f，使 f 充分接近

f^0 的图像原结构。在权重图 G (V, E, W) 中，由有限节点集 V、有限边集 $E \subseteq V \times V$ 和权重函数 $w : V \times V \to R^+$, $w \in W$ 组成。根据输入图像函数 f 和节点集 V 的特征比较获取节点间的相似度，对每个节点 $u \in V$ 指定一个特征向量与之对应，即 $F_f(v) \in R^q$, $q \in N^+$，其中，特征向量可以是图像的颜色、纹理等特征。权重函数定义为对 $\forall (u,v) \in E$, w (u, v) $= g[F_f(u), F_f(v)]$。根据图拓扑结构，本书采用局部方式来计算权重函数：

$$g\left[F_f(u), F_f(v)\right] = \frac{1}{\kappa + \left\| F_f(u) - F_f(v) \right\|} \qquad (7\text{-}1)$$

式中，k 设定为 10^{-4}。权重函数 w 定义在边集 E 上，$\psi(V)$ 表示定义在节点集 V 上的 Hilbert 空间，有 $f \in \psi(V)$，则离散正则化模型表示为：

$$\min_{f \in \psi(V)} \left\{ E_w(f, f^0, \lambda, p) = R_w(f, p) + \frac{\lambda}{2} \left\| f - f^0 \right\|_2^2 \right\}。$$

上式中，第一项 R_w 是正则化项，对 $0 < p < +\infty$ 有：

$$R_w(f, p) = \frac{1}{p} \sum_{u \in V} \left| \nabla f(u) \right|_2^p = \frac{1}{p} \sum_{u \in V} \left[\sum_{v \sim u} w(u,v) \left[f(u) - f(v) \right]^2 \right]^{p/2} \qquad (7\text{-}2)$$

$\lambda \geqslant 0$ 是拉格朗日乘数，也是求解能量函数的最小值，对方程求解一阶导数，则方程转换为：

$$\frac{\partial}{\partial f} E_w(f, f^0, \lambda, p) = \nabla_w^p f(u) + \lambda \left[f(u) - f^0(u) \right] = 0 \qquad (7\text{-}3)$$

用 Gauss-Jacobi 迭代式求解一阶导数方程，可以求得：

$$\begin{cases} f^{(0)} = f^0 \\ f^{(t+1)}(u) = \dfrac{\lambda f^0(u) + \sum\limits_{u \sim v} \gamma_w^{f^{(t)}}(u,v) f^{(t)}(v)}{\lambda + \sum\limits_{v \sim u} \gamma_w^{f^{(t)}}(u,v)}, \forall u \in V \end{cases} \qquad (7\text{-}4)$$

$$\gamma_w^f(u,v) = w(u,v)\left(\left|\nabla_w f(v)\right|^{p-2} + \left|\nabla_w f(u)\right|^{p-2}\right) \tag{7-5}$$

在公式（7-4）中，$\gamma_w^{f^{(t)}}$ 表示 γ 函数在第 t 步离散扩散过程迭代式中的函数值。对于节点 $u \in V$，$f^{(t+1)}(u)$ 表示 f 在第 $t+1$ 步的值，它依赖于节点 u 在 f^0 上的值与第 t 步迭代式中 u 的邻接节点权重局部变化的总和。迭代过程根据在第 $t+1$ 步中 $f^{(t+1)}$ 与 $f^{(t)}$ 之间的差值小于预先给定的阈值 τ 而停止，τ 是一个很小的正数。

7.3 多目标三维图像识别方法

7.3.1 图像增强预处理

图像增强是图像分析的一个重要预处理过程。当运用 FCM 算法对背景相对复杂的图像数据分类是从像素的角度出发时，提取的目标物体中会含有背景与目标特征相似的像素，在对多目标图像处理时会极大程度地影响识别准确性，因此对图像先做一个增强预处理，将目标物体从背景中先一步凸显出来，可以避免出现这种现象，提高 FCM 分类的准确性。本书首先按图像灰度中值对原图像 R、G、B 各分量子图的灰度直方图做一次划分，再均衡化生成的两个子灰度直方图，然后计算各分量子图的灰度级占原图像灰度级总数的比例，并根据此比例合并各分量子图。

以彩色图像的 R 分量子图为例，设 $R=\{R(i,j)\}$ 的灰度级为 L 级，记作 $\{R_0, R_1, R_m, \cdots, R_{L-1}\}$，其中图像灰度中值为 R_m，即第 m 个灰度级。按照 R_m 对 R 分量子图的灰度直方图进行一次划分，如下式：

$$R = R^L \bigcup R^U \tag{7-6}$$

式（7-6）中：

$$
\begin{aligned}
R^L &= \{R(i,j) \mid R(i,j) \leqslant R_m, R(i,j) \in \boldsymbol{R}\} \\
R^U &= \{R(i,j) \mid R(i,j) > R_m, R(i,j) \in \boldsymbol{R}\}
\end{aligned} \tag{7-7}
$$

再对上述划分后的 2 个子灰度直方图分别进行直方图均衡化处理，首先求出它们的概率密度，分别为：

$$P^L(R_k) = \frac{n_k^L}{n^L}$$

$$P^U(R_k) = \frac{n_k^U}{n^U} \qquad (7\text{-}8)$$

其中，n_k^L 和 n_k^U 表示 2 个灰度级区域 R^L 和 R^U 中具有灰度级 R_k 的像素个数，n^L，n^U 是 2 个子图的像素总数，而其累积分布函数分别为：

$$C^L(x) = \sum_{j=0}^{m} P^L(R_j)$$

$$C^U(x) = \sum_{j=m+1}^{L-1} P^U(R_j) \qquad (7\text{-}9)$$

采用该方法进行图像增强预处理，有利于增强后续图像的视觉效果。

7.3.2　基于直方图的 FCM 聚类

为减少算法复杂性，本文采用的 FCM 算法是基于图像的灰度直方图进行的聚类，其目标函数 $J(U, V)$ 定义为：

$$J(U,V) = \sum_{k=0}^{L-1} \sum_{i=1}^{c} (\mu_{i,k})^m (d_{i,k})^2 h(k) \qquad (7\text{-}10)$$

其中，$k(k = 0,1,\cdots,L-1)$ 是图像的灰度级，L 值为 256；$\mu_{i,k}$ 是第 k 个灰度值对第 i 类的模糊隶属度；$m \in [2,+\infty)$ 是隶属度的加权指数，用来控制聚类的模糊程度；$d_{i,k}$ 是第 k 个灰度值到第 i 类聚类中心的欧氏距离定义；$h(k)$ 表示灰度直方图；$U = [\mu_{i,k}](i = 1,\cdots,c)$ 是直方图的模糊 c 划分矩阵，$V = [v_1,\cdots,v_c]$ 是直方图的 c 个聚类中心集合，通过目标函数的最小值过程获得矩阵 U 和矩阵 V 的数值，且满足各灰度值对每个类别的隶属度和为 1，即：

$$\sum_{i=1}^{c} \mu_{i,k} = 1 \qquad\qquad (7\text{-}11)$$

对 $J(U, V)$ 求解 $\mu_{i,k}$ 和聚类中心的偏导数，再令偏导数为零，可得到聚类中心 v_i 和隶属度 $\mu_{i,k}$ 的计算公式：

$$v_i = \frac{\displaystyle\sum_{k=1}^{L-1} \mu_{i,k} h(k) k}{\displaystyle\sum_{k=1}^{L-1} \mu_{i,k} h(k)} \qquad\qquad (7\text{-}12)$$

$$\mu_{i,k} = \left(\frac{1/{d_{i,k}}^2}{\displaystyle\sum_{i=1}^{c} \frac{1}{{d_{i,k}}^2}} \right)^{\frac{1}{m-1}} \qquad\qquad (7\text{-}13)$$

为了得到基于图像直方图的最佳模糊 c 划分，本书采用迭代优化法求解最小化目标函数 $J(U, V)$。基于离散正则化的半监督分类方法可修正 FCM 的分类结果，以得到最终的图像识别结果。

7.3.3　基于离散正则化的半监督修正方法

本章特征向量使用 RGB 颜色模型，图像函数 f 由 f_1，f_2，f_3 三个颜色通道构成，分别表示红色、绿色和蓝色的分量。在离散正则化处理前，先对三个分量分别均衡化预处理，然后用常用的亮度计算公式将三者合并，成为一个灰度图像，再使用上述 FCM 进行聚类分类。在无向权重图 $G(V, E, W)$ 中，节点集 V 由标记节点和未标记节点组成，离散正则化半监督方法通过计算节点对标记类的隶属度，将节点归类到最大隶属度的标记类中。$V = \{u_1, \cdots, u_n\}$ 表示 n 个有限数据点集，每个节点向量 $u_i \in \mathbf{R}^n$。将 FCM 分类后的节点集作为标记点集，记为 $C = \{c_i\}_{i=1,\cdots,k}$，其中，$c_i$ 表示第 i 类，代表对图像数据 FCM 分类后的一个具体类别；相对每个 c_i 之外的数据记为未标记节点集。当使用半监督分类方法修正时，节点集 V 被分成 k 类，k 表示已知的类别数，即对图像数据进行 k 次离散正则化处理，初始化 k 个独立标记函数 $f_i^0 : V \to \mathbf{R}, i = 1, \cdots, k$，

每个单独类 i 的标记函数为：

$$f_i^0(v) = \begin{cases} 1, & v \in c_i \\ 0, & 否则 \end{cases} \quad\quad （7-14）$$

由式（7-4）可知，初始化 f^0 时，将基于直方图的 FCM 分类后属于同一类别目标物体的节点标记为 1，其他节点赋值为 0，并用 $f_i : V \to R$ 来预测每个节点所属的类别。节点的分类由第 i 次离散正则化函数迭代计算求得，迭代方程为：

$$f_i^{(t+1)}(u) = \frac{\lambda f_i^0 + \sum_{v \sim u} \gamma_w^{(t)}(u,v) f_i^{(t)}(v)}{\lambda + \sum_{v \sim u} \gamma_w^{(t)}(u,v)}, \forall u \in V \quad\quad （7-15）$$

离散正则化的半监督实现在于初始化时将 FCM 识别后的目标物体作为标记节点，每个节点依赖邻域中已分类的节点，在 k 个正则化迭代过程结束后，对每个节点 $u \in V$，使用函数 $c(u) = \arg\max \left[f_i(u) \Big/ \sum_i f_i(u) \right]$ 将其归类到隶属度最大的类别中。

以下是基于离散正则化的修正算法步骤。

第一步：根据基于直方图的 FCM 聚类结果标记目标物体，利用公式（7-14）对节点分别赋值。

第二步：初始化过程，给出迭代停止阈值 τ，拉普拉斯运算参数 p，拉格朗日乘数 λ 和参数 κ，再根据式（7-1）计算两节点的权重，图像之间的邻接关系采用 8 邻域。

第三步：将赋值后的图像 f^0 转换为图的形式，设每个节点的邻接窗口大小为 3，计算节点与邻接窗口内节点间的方差，根据权重函数计算边际权重，然后计算节点梯度值，根据式（7-5）计算 $\gamma_w^{f^{(t)}}$。

第四步：用迭代算法式（7-4）计算 $f^{(t+1)}$ 的值，当 $f^{(t+1)}$ 满足 $\left\| f^{(t+1)} - f^{(t)} \right\| < \tau$ 时，用 $f^{(t+1)}$ 值替换第一步中的 f^0，并重复第二步和第三步过程，直到满足迭代停止条件。

第五步：使用迭代算法对节点求出它对每个类别的隶属度，根据最大化原则分配这些节点的最终类别，算法结束。

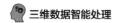

7.4 案例分析

本章的实验是在 Matlab 7.8 软件环境下编译实现的。为验证提出的基于 FCM 和离散正则化的多目标识别算法的正确性和有效性，研究者对标准数据图像库中近 100 幅图像进行了仿真实验，参数设置将聚类数目取为 3，参数 ε 取为 0.001，加权指数 m 取为 2。提出的算法能自动地从图像中识别出属于同一个类别的目标物体。算法在时间消耗方面，取 20 次运算的平均值为 2200ms。

在实验数据性能比较方面，采用图像识别结果与正确识别结果进行比较，其中正确识别结果来自 Berkeley 标准彩色识别图像库。以查准率（precision, P）和查全率（recall, R）作为评价指标。在当前识别结果中，查准率指准确部分所占的比例，查全率指准确部分占正确识别结果的比例，分别将其进行定义为：

$$\begin{cases} P = \dfrac{\sum G(x,y)B(x,y)}{\sum B(x,y)} \\ R = \dfrac{\sum G(x,y)B(x,y)}{\sum G(x,y)} \end{cases} \tag{7-16}$$

式（7-16）中，$G(x,y)$ 表示正确识别结果图像，$B(x,y)$ 表示识别后得到的二进制图像。由表 7-1 可知，修正算法识别效果较好，其平均查准率和查全率均优于基于直方图的 FCM 算法。

表7-1　两种算法查准率和查全率的数值对比

图像类型	基于直方图的 FCM 算法		修正算法	
	P	R	P	R
鼠洞	0.903	0.952	0.924	0.960
花朵	0.886	0.613	0.938	0.805
细胞	0.965	0.958	0.982	0.974
平均值	0.918	0.841	0.948	0.913

7.5 本章小结

本章针对多目标物体图像提出了一种基于 FCM 和离散正则化的多目标图像识别修正算法。该算法用图结构表示图像数据，用边权重来衡量像素之间的特征差异，首先对图像进行图像增强预处理，然后采用直方图的 FCM 算法进行分类提取目标物体，由于图像的复杂性使得 FCM 易于出现分类错误，所以最后利用离散正则化的半监督算法对错误的分类进行自动修正。实验结果表明，算法对多目标物体和物体之间分散的图像具有良好的识别效果。

本章采用 FCM 算法对图像进行分类时，需要给出初始聚类中心值和聚类数目，初始聚类中心的选择会影响分类效果，在后续的工作中将尝试结合先验知识和自适应自动给出聚类数目和初始聚类中心值。

第8章　基于特征点检测的三维网格聚类识别算法

8.1　引言

　　三维网格模型由顶点（Vertex）、边（Edge）和面（Face）组成，将模型的拓扑信息和几何信息存储其中，其几何基础元素之间的邻域信息和索引信息则通过相应的数据结构进行获取。这里本章将三维网格模型 M 定义为一个三元组（V，E，F），具体定义如下：

　　① V 为顶点集合：$V = \{p_i \mid p_i \in \mathbf{R}^3, 1 \leq i \leq n\}$，$n$ 为顶点个数；

　　② E 为边集合：$E = \{e_{ij} = (p_i, p_j) \mid p_i, p_j \in V, i \neq j\}$；

　　③ F 为面集合：$F = \{f_{ijk} = (p_i, p_j, p_k) \mid p_i, p_j, p_k \in V, i \neq j, j \neq k, k \neq i\}$。

　　这里介绍两种三角形网格表示方法：一种是称为点—边式的表示方法，另一个是与之类似的点—面式表示方法。本章的模型数据为点—面式。一般情况下，三维网格曲面可以看成以下情况中的某一种：一是含有公共边的多边形；二是通过顶点、边和三角形连接组成的简单模型。而三维网格模型识别操作就是将模型划分成两两之间互相不连接，但却具有实际识别意义的子网格。这一过程的重要依据就是网格的拓扑结构或几何属性。结合沙果尔（Shamir）描述的网格识别定义，给出本章对网格识别的概念描述：对给定的三维网格 M，首先提取 M 的某种拓扑元素，包括顶点 V、边 E、面 F，将其组成相应的集合，用 S 表示。那么，对网格 M 进行识别 $\sum$ 定义为：根据某种规则，将集合 S 划分成 k 个互不相交的子集合 $\{S_1, S_2, \cdots, S_k\}$，使 S 满足：$S = \bigcup_{i=1}^{k} S_i$，并且 $S_i \bigcap S_j = \varnothing, i \neq j$。

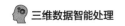

8.2 相关工作

8.2.1 三维网格识别类型

（1）根据应用目的的识别

基于多样的操作目标，对网格识别方法进行了分类统计：部件识别（Part-type）和面识别（Surface-type）。部件识别方法是指在三维骨架提取、部分的匹配查询等实际应用中，为了产生与人的主观想法相一致的识别结果，将网格模型分为多个具有语义的区域或部件的过程。面识别方法是指在网格参数化、CAD模型的逆向工程应用、网格简化等场景中，可以由识别获取其他二次曲面进行最佳拟合的不同子块，这里的二次曲面包括锥面、圆柱面和平面等。值得注意的是，以上两种识别方法是可以交叉使用的，并非完全孤立。有时会在部件识别时引入基于表面的特征，或者在面识别中用到语义成分。

（2）根据几何属性的识别

由于网格模型的常用几何属性多种多样，如子面积、周长、凹凸程度、曲率、法线方向、二面角、测地距离长度等，所以根据统计和分析几何属性来实现对三维网格模型识别，为学界提供了广泛的应用资源。但是，找到一种适合所有网格模型识别问题的通用几何属性是非常困难的。这里本章重点介绍曲率的相关内容。

曲率是三角网格模型的一种底层几何特征，它能够很好地表示曲面的凹凸特性或几何体表面的不平滑程度，在很多识别算法中都很常见。求解某点曲率的具体方法为：首先在该点的附近区域随机找到一点，然后计算这两点之间的切线夹角与弧长的极限取值。近年来，绝对值曲率、主曲率、平均曲率和高斯曲率得以广泛应用，特别在对形体进行识别与匹配时将其作为一种特征。

（3）根据交互的网格识别

随着大数据的增进式发展，不仅网格模型的复杂性日益显现，而且模型所在的应用场景也日趋多变，特别是随着零交互自动地识别出用户具有目的性的部件变得越来越困难，人们慢慢地将根源指向缺少自身性主观评价。随之而来的是，提出了很多引入用户交互的方式，即让用户来指导识别的过程，让用户化被动为主动。交互的网格识别方法通常可以分为边界法和区域法两类。在边界法中，用户首先在识别的边界上随机确认一些点，最终的识别边界就是由这些点连接的最短路径得到的；而在区域法中，则由用户给出原始的识别框架和识别边界所在的大致区域。

（4）根据学习的网格识别

近年来，随着对三维形体底层几何特征的研究日渐饱和，人们将分析需求逐渐指向了高层次。该方法首先选取样本，通常选取网格模型的各种几何信息，再通过相应的学习方法训练网格的基本元素，以达到识别的目的，从而实现高层次的语义识别。在具备训练集先验知识和正确选择训练集特征的前提下，根据学习的识别方法能够产生较好的识别结果。

8.2.2 基于 K-D 树的空间结构描述

K-D 树（K-dimensional Tree）是一种对点数据进行 k 维空间识别的基础数据结构，主要用于处理高维数据和高维空间内的暴力搜索。由于 k 维空间中的任意一点可以看作二叉树的一个节点，因此 K-D 树可以看成二叉搜索树的一种推广。树中每个节点即为一个 k 维的点，按照维度 i 识别空间，这里 $0 < i \leqslant k$。将一个垂直于坐标轴的识别超平面看成每个非叶节点，该平面顺势将空间分为两部分。从根节点向下进行递归的识别，直到没有实例递归停止。构造 K-D 树的常用规则如下：

①识别超平面的法向量选择。随着树的维度即深度逐渐增加，对每个坐标轴进行循环选择。例如，对 3-D 树来说，选择 x 轴对根节点，选择 y 轴对根节点的子节点，选择 z 轴对根节点的孙子节点，再选择 x 轴对根节点的曾孙子节点，以此顺序循环。

②在每一次的识别中，都选取位于中间位置的对应实例为切分点，并将该点作为父节点，切分点左右两侧的数据点分别作左右子树。

该过程可以扩展到用 k 维空间中的点建立 K-D 树。一般说来，基于 K-D 树的邻域搜索方法有两种：$K-$ 近邻搜索和范围搜索。$K-$ 近邻搜索从原始数据集中找出与某查询点距离最近的 k 个数据，该查询点和个数 k 是给定的。在一

个 N 维点云数据空间中，两点之间的距离是由下述公式确定的：

$$d = \sqrt{(x_1 - x_2) + (x_1^2 - x_2^2) + \cdots + (x_1^N - x_2^N)} \qquad (8\text{-}1)$$

当 $N=1$ 时，为最近邻搜索；而范围搜索是从原始数据集中找出所有距离某查询点数值小于某阈值的数据，该查询点和阈值都是预先给定的数值。接下来，将通过范围搜索实现遍历一个聚类中包含所有特征点的最小三维球体的中心和半径的目标。

8.3 方法描述

本章提出了一种以特征点检测为前提，对三维网格进行聚类识别的新算法。首先，分析传统的三维网格模型识别的基础理论和分类，由于后续涉及对网格进行聚类识别，所以详尽地分析了聚类算法在三维网格模型识别中的应用优势，并对 K-D 树的空间结构描述进行了深入分析。然后提出了一种新的特征点检测方法，即曲率流平滑，由于结合了经典的多尺度差分高斯（Mesh-DoG）和显著点（Salient Point）特征点检测方法，实验发现由曲率流平滑检测出的特征点能够有效地标记网格模型中的位置信息，达到更好的识别结果。再对特征点模糊聚类。最后基于聚类进行网格识别，实现了对三维网格的有效识别。

8.3.1 特征点检测

学界对特征点没有进行统一的定义，本章将在网格表面选择一小组点，它们与其邻域点相比，是具有突出的几何结构的网格顶点，就称这些点为特征点。Mesh-DoG 特征点是通过对三维网格的平均曲率信息进行处理提取特征点的一种方法。而 Salient Points（SP）方法是一种显著点检测方法，该方法直接在三维网格上进行卷积，计算网格顶点的位置信息，并随着不同尺度层中的法线方向，将显著偏移的点投影出来。

本章将 Mesh-DoG 和 SP 特征点相结合，提出了一种新的基于曲率流平滑的特征点提取方法，考虑三维模型的几何信息和位置信息，在不需要额外曲率信息的前提下，直接对三维网格进行处理。基于曲率流平滑的方法主要是在对三维网格进行光滑的处理上选择曲率流，而非 SP 方法中尺度空间建立的拉普拉斯平滑过程，在此基础上建立 DoG 层，然后进行标准化，最后通过阈值处理提取特征点。

（1）基于曲率流的平滑过程

基于曲率流的平滑过程不仅能够很好地保持曲面的某些细节信息，而且具有较小的计算量。本章基于曲面的平滑过程选择曲率流表示曲率信息。曲率流是一种隐式的偏微分方程，令 $F_0 : M^n \rightarrow R^{n+1}$ 表示从 M^n 到 R^{n+1} 的一个光滑过程，这里的 M^n 表示紧致无边界的 n 维超曲面，构造一组函数 $F(\cdot, t) : M^n \rightarrow R^{n+1}$，使其满足：

$$\frac{\partial}{\partial t} F(\cdot, t) = -f\big[H(\cdot, t)\big] n_i, \quad F(\cdot, 0) = F_0 \quad\quad (8\text{-}2)$$

其中，光滑函数 f 依赖于顶点曲率 $H(\cdot, t)$，n_1 表示顶点的法向量，$H(\cdot, t) n_i$ 被称作曲率法向。函数 f 的选择有两种，一是恒等函数，则上述曲率流变为平均曲率流；二是幂函数 x^k，则该曲率流变成 H^k 曲率流。如式（8-2）所示，网格顶点将以曲率 $H(\cdot, t)$ 的速度，向顶点法向移动。这里顶点的曲率大小、移动距离大小与曲面弯曲程度成正比，如顶点的曲率越大，曲面越弯曲，则移动距离越大。

曲率法向的计算可以通过余切法作为 1-ring 邻接点的权值 $W_{ij} = (\cot \alpha_{ij} + \cot \beta_{ij}) / 2$，最后与邻接面片的面积作比得到。

将曲率法向公式转换为：

$$f\big[H(\cdot, t)\big] n_i = \frac{1}{2A} \sum_{j \in N} (\cot \alpha + \cot \beta)(x_i - x_j) \quad\quad (8\text{-}3)$$

其中，x_i 是中心点，x_j 是 1-ring 邻接点，x_k 和 x_j 又是相邻的两个点，L_1 是 x_i 和 x_j 之间的距离，L_2 是 x_i 和 x_k 之间的距离，α 是 $\angle x_i x_k x_j$，b 是 $\angle x_i x_j x_k$。A 是中心点 x_i 所有的邻接面片面积，A 的计算可以分为以下三种情况：

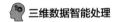

①若三角形 T 在 x_i 处为锐角或直角，则 $A = A + \dfrac{1}{8}(L_1^2 \cot a + L_2^2 \cot b)$；

②若三角形 T 在 x_i 处为钝角，则 $A = A + \dfrac{\text{Area}(T)}{2}$；

③若三角形 T 在 x_i 处非锐角、直角和钝角，则 $A = A + \dfrac{\text{Area}(T)}{4}$。

（2）建立 DoG 层

由于第一步在法向上产生了包含偏移量的投影，即基于曲率流的平滑过程是网格顶点以曲率 $H(\cdot, t)$ 的速度，向顶点法向移动了距离 $H(\cdot, t)n_i$，所以在建立 DoG 层时，无须对法向投影重复操作。由于基于网格模型并非标准的均匀网格，所以获取的 DoG 值的大小并不能完整地反映曲面的具体信息，需要引入标准化操作。

（3）标准化操作

由于全局最大值 Max 和平均值 Mean 之差（Max — Mean）是对均匀网格模型归一化的常用方法，因此对本章的标准化要求是不可行的，也因此本章运用在顶点周围的面片的平均边长来完成标准化过程。

平均边长的标准化公式：

$$ML = \frac{\sum\limits_{x_j \in N_1} \| x_j - x_i \|}{n} \tag{8-4}$$

其中，n 是 x_i 点 1-ring 内的顶点个数，x_j 是 x_i 的 1-ring 邻接点，x_i 是中心点。

（4）进一步阈值处理

由于本章最终是要进行网格识别，因此需要的是能够代表网格区域特征的特征点，而通过上述步骤得到的特征点就是最突出的网格表面显著点，其几何意义单一。当 DoG 值已经完成标准化，再对每个尺度下的 DoG 值作排序，这里选择 85% 为阈值，即当中心点通过标准化的 DoG 值比其邻域内其余点的 DoG 值高出 85% 时，这样的中心点就设定为显著点。与此同时，考虑非极大抑制，将一种特殊情况，即一个点的 DoG 值如果比最大值 Max 的 30% 还要大，那么这样的点也会被加入显著点集合中。基于以上原则可以获取一定数目的特征点。

8.3.2 对特征点聚类

本章利用模糊聚类 FCM 对特征点聚类。FCM 算法以最小类内平方误差和为聚类准则，通过最小化目标函数过程来实现对数据集的模糊划分，同时计算样本对每个类别的模糊隶属度，最后将全部数据划分到最大隶属度类别中。该聚类算法需要人为地给出聚类数目及初始聚类中心值，然后求解目标函数的极小值。为减少算法复杂性，本书采用的 FCM 算法是基于图像的灰度直方图进行的聚类，其目标函数 $J(U, V)$ 定义为：

$$J(U,V) = \sum_{k=0}^{L-1}\sum_{i=1}^{c}(\mu_{i,k})^m (d_{i,k})^2 h(k) \tag{8-5}$$

其中，k（$k=0, 1, \cdots, L-1$）是图像的灰度级，L 值为 256；$\mu_{i,k}$ 是第 k 个灰度值对第 i 类的模糊隶属度；$m \in [2, +\infty)$ 是隶属度的加权指数，用来控制聚类的模糊程度；$d_{i,k}$ 是第 k 个灰度值到第 i 类聚类中心的欧氏距离；$h(k)$ 表示灰度直方图；$U = [\mu_{i,k}] (i=1,\cdots,c)$ 是直方图的模糊 c 划分矩阵，$V = [v_1,\cdots,v_c]$ 是直方图的 c 个聚类中心集合，通过求解目标函数的最小值过程获得矩阵 U 和矩阵 V 的数值，且满足各灰度值对每个类别的隶属度和为 1，即：

$$\sum_{i=1}^{c}\mu_{i,k} = 1 \tag{8-6}$$

对 $J(U, V)$ 求解 $\mu_{i,k}$ 和聚类中心的偏导数，再令偏导数为零，可得到聚类中心 v_1 和隶属度 $\mu_{i,k}$ 的计算公式：

$$v_i = \frac{\sum_{k=1}^{L-1}\mu_{i,k}h(k)k}{\sum_{k=1}^{L-1}\mu_{i,k}h(k)} \tag{8-7}$$

$$\mu_{i,k} = \left(\frac{1/d_{i,k}{}^2}{\sum\limits_{i=1}^{c} \frac{1}{d_{i,k}{}^2}} \right)^{\frac{1}{m-1}} \qquad (8-8)$$

为了得到基于图像直方图的最佳模糊 c 划分，本章采用迭代优化法求解最小化目标函数 $J(U, V)$。

8.3.3   基于聚类的网格识别

本章的识别算法相当简单。对于特征点的每个聚类，顺次执行以下步骤：

①使用线性规划算法，计算在一个聚类中包含所有特征点的最小三维球体，输出该球体的中心和半径。

②提取位于三维球体内部的网格部分，这个三维球体即由上一步计算的中心和 δ 因子缩放半径形成。可以通过扫描完整的顶点集合并验证哪个顶点位于球体内。但是对庞大网格来说，这样的计算是非常耗时的。这里本章使用一个改进的方法：利用网格的所有顶点构建一个 K-D 树，通过范围搜索遍历球体的中心和半径。值得说明的是，K-D 树只需要构建一次。最终，算法通过使用球体内的一组点及关联面构建一个新的网格。

8.4 案例分析

为验证所提出算法的有效性，本章分别从特征点检测实验和识别技术评价指标两个方面进行实验结果的说明讨论。这里运用 Visiual C++ 2010 实现本章算法，算法在 PC 机上运行，机器的 CPU 配置为内存 4GB，Intel（R）Core（TM）2.5GHz。

8.4.1   特征点检测实验

实验模型从数据库中获得，并于每个网格中提取 900 个特征点，模型中的耳朵、手和脚处的特征点被反复提取（表 8-1、表 8-2）。

表8-1　本章特征点检测算法和Mesh-DoG（平均曲率）特征检测算法

在半径为5下的重复性（平均检测点数为392个）

变换方式	运用方法	强度				
		1	2	3	4	5
等距变换	本章算法	91.69	96.44	93.86	90.93	92.84
	Mesh-DoG	97.75	98.13	97.92	97.14	97.70
缩放变换	本章算法	97.02	96.89	95.50	95.34	94.63
	Mesh-DoG	98.00	98.00	98.00	98.00	98.00
散粒噪声	本章算法	99.23	98.85	98.46	98.10	97.99
	Mesh-DoG	98.25	98.00	98.00	97.87	97.75
平均值	本章算法	95.98	97.39	95.94	94.79	95.15
	Mesh-DoG	98.00	97.84	97.97	97.67	97.82

表8-2　本章特征点检测算法和SP特征检测算法在半径为5下的重复性

（平均检测点数为205个）

变换方式	运用方法	强度				
		1	2	3	4	5
等距变换	本章算法	88.48	93.31	91.9	89.79	91.79
	SP	79.01	83.5	83.9	84.33	84.79
缩放变换	本章算法	93.86	92.83	92.16	91.5	91.33
	SP	84.68	82.36	80.77	78.98	77.42
散粒噪声	本章算法	98.28	96.57	95.59	94.37	93.14
	SP	77.78	73.31	66.06	62.25	59.68
平均值	本章算法	93.54	94.24	93.22	91.89	92.09
	SP	80.49	79.72	76.91	75.19	73.96

表 8-1 和表 8-2 显示了根据变换分类和强度分解，Mesh-DoG、SP 和本章算法在固定半径下的可重复性，此半径大约为形体直径的 1%。较高的重复性数值表明，运用算法具有更好的性能。Mesh-DoG 性能最为优越，显然，考虑

到所有的评估措施，本章算法排在第二位，虽然比 Mesh-DoG 稍差，但它在散粒噪声方面明显优于同样条件下的 SP 算法，并且能够直接进行协调操作。加上本章算法对于模型特征点的提取具有一定的非刚体不变性，提取的特征点对于同一模型、不同姿态下的重复率较高，一定程度上可以很好地解决同一模型在不同姿态下，特征点提取结果不完全相同这类问题，这一点也是本方法区别于目前多数特征点提取方法的根本所在。

8.4.2　识别算法评估指标

识别评估是指对识别算法的性能进行评估，可以得出不同算法实现识别的效果差异，并通过研究和分析促进识别技术水平的提高。识别算法的目的是识别出较为精良的目标形体，且该识别结果能够完整地表示形体的高级语义信息，为下一步纹理映射匹配、形体检索和三维建模等诸多应用奠定基础。

本章对不同的模型进行了测试，网格模型的测试集主要根据普林斯顿识别基准数据集（Princeton Segmentation Benchmark，PSB），该数据集提供了 19 类不同目标的 380 个网格模型，并在人类形体识别意识指导下完成了手工交互的 4300 个识别结果模型。另外，基于普林斯顿识别基准还对识别质量的评价提供了的四个指标，本章也将充分利用其对本章方法进行量化评估，四个量化评估指标分别是基于边界的 Cut Discrepancy（CD）和基于区域的 Hamming Distance（HD）、Rand Index（RI）、Consistency Error（CE）。下面详细介绍四个定量评估指标。

（1）识别差异 Cut Discrepancy（CD）

第一个度量 CD 是一种根据边界距离进行度量的方法，也就是计算某一算法的两点的最近距离总和，这两点分别是所有的识别边界点和识别标准边界点。

假设 C_1 和 C_2 分别是识别结果 S_1 和 S_2 上识别边界的所有点集合，且 $d_G(p_1, p_2)$ 是网格两点之间的测地距离，那么从 C_1 中的某点 p_1 到 C_2 的测地距离定义如下：

$$d_G(p_1, C_2) = \min\{d_G(p_1, p_2), \forall p_2 \in C_2\} \tag{8-9}$$

识别结果 S_1 相对 S_2 的方向切割差异 DCD（the Directional Cut Discrepancy），即 $DCD(S_1 \Rightarrow S_2)$ 被定义为对所有点 $p_1 \in C_1$ 的 $d_G(p_1, C_2)$ 的分布均值：

$$DCD(S_1 \Rightarrow S_2) = \mathrm{mean}\{d_G(p_1, C_2), \forall p_1 \in C_1\} \qquad (8\text{-}10)$$

本章定义 $CD(S_1, S_2)$ 为两个方向上的方向函数均值，除以从表面上一点到网格质心的平均欧氏距离（avgRadius），以便确保度量的对称性，避免因尺度产生的影响：

$$CD(S_1, S_2) = \frac{DCD(S_1 \Rightarrow S_2) + DCD(S_2 \Rightarrow S_1)}{\mathrm{avgRadius}} \qquad (8\text{-}11)$$

度量指标 CD 的优点在于提供了一个简单直观度量边界对齐的方式；缺点是它对识别的间隔尺寸非常敏感，特别是 CD 无法定义对于任一模型存在零识别的情况，并随着越来越多的识别被添加到参照识别标准中时，CD 归零。

（2）Hamming 距离 Hamming Distance（HD）

第二个度量 HD 是计算两个识别结果之间的总体区域差异。Directional Hamming Distance 的定义如下所示：

$$D_H(S_1 \Rightarrow S_2) = \sum_i \| S_2^i / S_1^{it} \| \qquad (8\text{-}12)$$

其中，"/" 是集合差运算符，$\| x \|$ 是集合 x 的度量（如集合 $\boldsymbol{x}$ 的大小、面集合中所有面的总面积），并且 $it = \max k \| S_2^i \cap S_1^k \|$。总体思路是，对于 S_2 中的每个分块，在 S_1 中找到与 S_2 最佳的匹配块，并计算面积总和作为区域差异。如果 S_2 作为参照识别标准，那么 D_H 可以用来定义丢失率 R_m 和错误告警率 R_f：

$$
\begin{aligned}
R_m\left(S_1, S_2\right) &= \frac{D_H\ S_1 \Rightarrow S_2}{\|S\|} \\
R_f\left(S_1, S_2\right) &= \frac{D_H\ S_2 \Rightarrow S_1}{\|S\|}
\end{aligned}
\qquad (8\text{-}13)
$$

其中，‖S‖是网格模型的面片表面积和。HD 可以简单地定义为丢失率和错误告警率的平均值：

$$HD(S_1,S_2)=\frac{1}{2}\big(R_m(S_1,S_2)+R_f(S_1,S_2)\big) \tag{8-14}$$

由于 $R_m(R_1,R_2)=R_f(S_1,S_2)$，所以 HD 是对称的。它的主要优点和缺点是它依赖于找到分段之间的对应关系，而这个过程在对应关系"正确"的时候提供了一个更有意义的评估指标，但如果该对应关系是"错误"的，就会给指标增加噪声，它对识别间隔尺寸的差异也有些敏感。

（3）兰特指数 Rand Index（RI）

第三个度量 RI 是首先随机选择一个面片，在两个识别结果中计算该面片同时在同一分块中或同时在不同块中的概率。

假设 N 是网格模型的面片总数量，在两个识别结果 S_1 和 S_2 中，随机选择面片 i，S_{i1} 和 S_{i2} 用来表示在识别结果 S_1 和 S_2 中所属分块的索引，且本文定义如下：

$$RI(S_1,S_2)=\binom{2}{N}^{-1}\sum_{i,j,i<j}\big[C_{ij}P_{ij}+(1-C_{ij})(1-P_{ij})\big] \tag{8-15}$$

这个度量的主要优点是它可以模拟分段的区域重叠，而不需要查找分段之间的对应关系。

（4）一致性误差 Consistency Error（CE）

第四个度量 CE 试图说明不同算法得到的不用识别结果在嵌套上、层次上的相似性和差异性。基于人类感知组织对目标施加等级树结构理论，提出一种基于区域的一致性错误度量 CE，它不惩罚层次间隔尺寸的差异。

假设 S_1 和 S_2 表示模型的两个识别结果，f_i 表示网格面，"\"作为集合差运算符，‖x‖作为集合 x 的度量（同度量 HD），$R(S,f_i)$ 作为识别 S 中包含面片 f_i 所属的分块（一组连接面），局部细化误差定义为：

$$E(S_1,S_2,f_i) = \frac{\|R(S_1,f_i) \setminus R(S_2,f_i)\|}{\|R(S_1,f_i)\|}$$ （8-16）

给定每个面片的细化误差，并为整个三维网格定义两个度量，它们是全局一致性误差（Global Consistency Error，GCE）与局部一致性误差（Local Consistency Error，LCE），如下面公式所示：

$$GCE(S_1,S_2) = \frac{1}{n}\min\{\sum_i E(S_1,S_2,f_i),\sum_i E(S_2,S_1 f_i)\}$$
$$LCE(S_1,S_2) = \frac{1}{n}\sum_i \min\{E(S_1,S_2,f_i),E(S_2,S_1,f_i)\}$$ （8-17）

GCE 和 *LCE* 都是对称的。它们之间的区别在于，*GCE* 强制所有局部细化方向相同，而 *LCE* 允许在三维模型的不同部分以不同方向细化，最终导致 *GCE*（S_1，S_2）$\geq$ *LCE*（S_1，S_2）。

上述四种度量的优势在于，它们在嵌套的层次结构上有所区别；缺点是当两个模型有不同数量的识别时，它们倾向于提供更好的分数，当两个模型相对于另一个模型严重不足或过度识别时，它们实际上可能会产生误差。例如，如果其中一个网格根本不分段（一个分段中的所有面），或者每个面都处于不同分段中，则误差将始终为零，因为一个分段总是另一个分段的嵌套精化。

在验证本章算法的有效性方面，引入其他网格识别方法与本章算法相比较，引入的方法是 Shape Diameter，Core Extraction，Randomized Cuts 和 K-means Method 方法。

8.5 本章小结

本章首先描述了三维网格数据结构；再介绍了三维网格识别类型和基于 K-D 树的空间结构描述，为后续的算法实验提供了理论基础；最后提出了本章的三维网格聚类识别算法：通过定义基于曲率流平滑的特征点检测、对特征点模糊聚类和基于聚类进行网格识别，实现对三维网格的有效识别。

通过特征点检测实验，验证了本章算法对模型特征点的提取具有一定的非刚体不变性。同时，在普林斯顿识别基准数据集上对不同模型进行了网格识别实验，并绘制了四种识别评估指标量化评价柱状图，实验结果表明，本章提出的算法可以产生有意义的识别结果，其在三维网格识别度量的识别差异、Hamming 距离、兰特指数和一致性误差都有一定程度的提高，能够提高三维网格系统的识别性能，具有一定的理论和应用价值。

第9章　基于显著性分析和 VCCS 的
三维点云超体素分割方法

9.1　引言

　　将一个图通过无监督过分割为相互感知的且相似的体素区域称为超体素，它是分割算法中广泛使用的预处理步骤。超体素方法通过信息损失最小，有效减少了区域数量，这些区域数量是后续必须考虑的且耗时更多计算得到的。

9.2　相关工作

　　目前，有很多将图像过分割成超像素的方法，这些方法大致可分为两类：基于图的方法和梯度上升法。基于图的超像素方法，类似于基于图的全分割方法，是将图中的每个像素视为一个节点，并通过边连接与其相邻的像素。边权重被用来表征像素间的相似性，同时通过在图上最小化成本函数对超像素标签求解。通过跨越边界图像水平和垂直地寻找最佳路径，来产生符合规则晶格结构的超像素，它是通过使用图割或动态编程方法来实现的，该方法试图将路径中的边和节点成本最小化。虽然这种方法确实具有在规则网格中生成超像素的优点，但它牺牲了边界的依从性，并严重依赖于预先计算的边界图像的质量。

　　Turbo Pixels 方法使用基于水平集的几何流算法，并执行紧凑约束以确保超像素具有规则的形状，不足之处是它在许多应用中运行太慢，虽然作者声称图像大小的复杂度是线性的，但实际上，在 VGA 大小图像上的运行时间超过

10 秒。在 Turbo Pixels 方法的启发下，使用能量最小化框架将图像块拼接在一起，使用图割来优化显式能量函数，其方法（在此称为 GCb10）的运行速度比 Turbo Pixels 方法快得多，但即使对于小图像也需要几秒钟时间。

这里强调，本章方法与现有的超体素方法无关联，它们是二维算法到三维体积的简单扩展。在这样的方法中，视频帧被叠加以产生结构化、规则且实体的体积，并以时间作为深度维度。相反，本文的方法是为了分割空间的真实体积，这种真实体积是不规则或非实体（大部分体积是空的空间）的，以帮助分割。现有的超体素方法不能在这样的空间中工作，因为它们通常只在结构化的晶格上起作用。

9.3 方法描述

对于输入的 RGB-D 数据，即一张 RGB 三基色彩色图像和一张深度图像，首先将这两张图像做预处理，分别生成显著图数据和点云数据，特别是在显著性分析上，本章选取了三种典型的显著性模型，即基于小波转换（Wavelet Transform）的显著性模型、基于 MBD（Minimum Barrier Distance）的显著性模型和基于鲁棒性背景检测（Robust Background Detection）的显著性模型；然后依据不同显著值对显著图运用 k-means 分割成 k 个区域，同时，相同的分割也将点云数据分为 k 个聚类，这个聚类按照其平均显著值的大小以升序排列存储；再根据平均显著性数值的大小为每个聚类分配一个种子分辨率（Seeding Resolution）r_k，其中超体素分割方法，本书受 VCCS 启发，即对每个不同的种子分辨率聚类分别应用 VCCS 超体素分割方法；最后，将得到的每个聚类分割结果合并以获得最终的超体素分割。

本章提出的分割算法主要由以下四个部分组成：

① 9.3.1 节描述如何由 RGB-D 数据生成显著图，本章选取了三种具有代表性的显著性模型，即基于小波转换（Wavelet Transform）的显著性模型、基于 MBD（Minimum Barrier Distance）的显著性模型和基于鲁棒性背景检测（Robust Background Detection）的显著性模型；

②如何由 RGB-D 数据生成点云数据，9.3.2 节详细介绍了其具体原理和

相关计算公式；

③作为超体素分割方法，9.3.3 节至 9.3.5 节分别从建立邻域图、选取种子点初始化，以及特征描述和距离度量三个角度进行了详细介绍；

④在提取出显著图和完成超体素分割方法的基础上，9.3.6 节给出了一个基于显著图和 VCCS 的超体素分割方法。

9.3.1 由 RGB–D 数据生成显著图

RGB–D 图像数据实际上是两张图像：一张是普通的 RGB 三基色彩色图像，另一张是深度图像（Depth Map）。在三维计算机图形中，深度图像近似灰度图像，它的每个像素值是传感器到目标物体的实际距离。通常，RGB 图像和深度图像是配准的，因而像素点之间具有一一对应的关系。

为了从 RGB–D 图像数据中计算显著图，本章选取了三种具有代表性的显著性模型，分别是基于小波转换（Wavelet Transform）的显著性模型、基于 MBD（Minimum Barrier Distance）的显著性模型和基于鲁棒性背景检测（Robust Background Detection）的显著性模型。

（1）基于小波转换（Wavelet Transform）的显著性模型

基于小波转换的显著性模型是通过增加带宽或频率分量从较高值到较低值来创建特征图的。整体流程如下所述。

①加载 RGB 图像，然后从 RGB 颜色空间转成 Lab 颜色空间，从而产生 Lab 图像。

②分别对 L, a, b 三个通道生成各自的特征图，最后合并产生最终的特征图，其中 L 是强度通道，a 是红绿色通道，b 是蓝黄色通道。

③在特征图上作局部显著性计算和全局显著性计算，分别得到局部显著图和全局显著图，融合二者，得到最后的显著图。流程图如下所述。

在特征图计算这部分，首先运用二维高斯低通滤波对输入的彩色图像进行去噪，然后将图像的每个通道都归一化到 [0，255]；然后运用 Daubechies Wavelets 方法对图像的子带形成多个层级，并运用多个层级子带计算特征图，公式如下：

$$f_s^c(x,y) = \frac{\left[IWT_s(H_s^c, V_s^c, D_s^c)\right]^2}{\eta} \qquad (9\text{-}1)$$

其中，$f_s^c(x,y)$ 代表从第 s 层子带产生的特征图，η 是尺度因子。

获得特征图之后，通过计算局部特征的全局分布以获得全局显著图，而局部显著图是通过不做归一化的线性融合每个级别的特征图得到的，最终的显著图是通过结合局部显著图和全局显著图获取的，相应的公式定义为：

$$S'(x,y) = M(S_L'(x,y) \times e^{S_G'(x,y)}) \times l_{k \times k} \qquad (9\text{-}2)$$

这里，$S'(x,y)$ 是最后的显著图，$S_L'(x,y)$ 和 $S_G'(x,y)$ 是局部和全局显著图线性放缩到 [0，1] 的结果。

（2）基于 MBD（Minimum Barrier Distance）的显著性模型

基于 MBD 的显著性模型提出了一个基于光栅扫描（Raster Scan）的方法高效地实现了对 MBD 算法效率的提高。在一个二维数字图像 L 中，路径 $\pi = \langle \pi(0), \cdots, \pi(k) \rangle$ 是图像 L 上的像素序列，其中连续的像素对处于相邻位置，这里只考虑 4 邻域路径。给定一个路径成本函数 F 和种子集合 S，距离变换问题需要计算距离图 D，使对每个像素 i 都有：

$$D(t) = \min_{\pi \in \Pi_{S,t}} F(\pi) \qquad (9\text{-}3)$$

其中，$\Pi_{S,t}$ 是连接 S 和 t 种子像素的所有路径的集合。

测地线距离（Geodesic Distance）用于显著性物体检测。给定一个单通道图像 L，测地线路径成本函数 $\sum_L$ 定义如下，其中 $L(\bullet)$ 表示像素值：

$$\sum_L = \sum_{i=1}^{k} \left| L[\pi(i-1)] - L[\pi(i)] \right| \qquad (9\text{-}4)$$

MBD 的具体计算公式为：

$$\beta_L = \max_{i=0}^{k} L[\pi(i)] - \min_{i=0}^{k} L[\pi(i)] \qquad (9\text{-}5)$$

与使用测地线距离相比，MBD 在种子分割方面显示出了对噪声和模糊较好的稳健性，其中 n 是图像像素个数，m 是图像包含的不同像素值数量。因此，该模型提出了光栅扫描方法进行加速，与用于测地线或欧式距离变换的光栅扫描算法类似，在通过期间，需要以光栅扫描或反向光栅扫描顺序访问每个像素 x，那么与 x 邻域相应的一半中的每个邻域 y 对 x 处的路径成本进行最小化迭代处理，计算公式为：

$$D(x) \leftarrow \min \begin{cases} D(x) \\ \beta_L(P(y) \cdot \langle y, x \rangle) \end{cases} \tag{9-6}$$

其中，$P(y)$ 表示目前像素 y 被分配得到的路径，$\langle y, x \rangle$ 表示 y 到 x 的边，$P(y) \cdot \langle y, x \rangle$ 表示将边 $\langle y, x \rangle$ 附加到路径 $P(y)$，若由 $P_y(x)$ 指代 $P(y) \cdot \langle y, x \rangle$，则有：

$$\beta_L \left[P_y(x) \right] = \max\{U(y), L(x)\} - \min\{J(y), L(x)\} \tag{9-7}$$

其中，$U(y)$ 和 $J(y)$ 是 $P(y)$ 中的最高像素值和最低像素值。

（3）基于鲁棒性背景检测（Robust Background Detection）的显著性模型

利用背景的先验知识实现检测是目前显著性检测中的一种有效形式，但大多数背景先验信息的获取都是以图像区域是否与边缘关联作为判断基准的，这导致了前景噪声很容易引入。该模型提出了一种量化方法来量化区域 R 与图像边界的连接程度，称为边界连通性，主要利用连续性来提高背景先验的鲁棒性，用来表征图像区域相对于图像边界的空间布局鲁棒性，有效弥补了先前显著性测量中缺乏的独特优势。

整个图像存在相邻图像边界关联问题。为了解决这一问题，运用关联性的方法进行背景优化，边界连通性定义为：

$$\boldsymbol{BndCon}(R) = \frac{\left| \{p \mid p \in \boldsymbol{R}, p \in \boldsymbol{Bnd}\} \right|}{\sqrt{\left| \{p \mid p \in \boldsymbol{R}\} \right|}} \tag{9-8}$$

其中，p 是图像块，$\boldsymbol{Bnd}$ 是图像边界块的集合，其几何解释为：边界上的区域与该区域的整体边界或其面积的平方根的比率。由于上式计算困难，近似采用以下公式计算：

$$BndCon(p) = \frac{Len_{bnd}(p)}{\sqrt{\text{Area}(p)}} \qquad (9\text{-}9)$$

上述公式成功地将边界关联程度转化为一个可以用数据度量的形式，其中 Len 描述了区域和图像边界关联的长度，而整个区域的面积用 Area 表示。鉴于人们从视觉上对两个物体分离是很容易的，但将同种情况放在图像里处理，人眼对其目标边界的判别是很困难的，间接导致了上述公式中对长度和面积的输出都不太可能，所以考虑通过最短路径构造一个相似度度量，其计算公式如下所示：

$$d_{geo}(p,q) = \min_{p_1=p,p_2,\cdots,p_n=q} \sum_{i=1}^{n-1} d_{app}(p_i, p_{i+1}) \qquad (9\text{-}10)$$

其中，$geo(p,q)$ 表示 p 与 q 之间距离的最短路径，它用来度量两个超像素块之间无间隔的相似程度，需要特殊说明的是，若某颜色超像素块间隔了与之颜色截然相反的两块超像素，而这两个超像素块的颜色又非常相似，那么它们之间的最短路径也会有所增加。在已经获取了相似度之后，接着计算面积部分：

$$\text{Area}(p) = \sum_{i=1}^{N} \exp\left[-\frac{d_{geo}^2(p,p_i)}{2\sigma_{clr}^2}\right] = \sum_{i=1}^{N} S(p,p_i) \qquad (9\text{-}11)$$

从公式中可以看出，这里主要是将上述的相似度引入进行下一步的计算，同时在高斯权重函数的协助下，将此相似度转换成（0，1］之间的数值。当两个超像素区域无限相似，其数值将无限接近于 1。

在分别获取了颜色显著图 S_c 和深度显著图 S_d 之后，将二者融合为一张精确的显著图是非常重要的。这里采用线性融合方法生成一张三维图像的显著图，公式如下所示：

$$S = w \cdot S_c + (1-w) \cdot S_d \qquad (9-12)$$

其中，w 是调整两个分量 S_c 和 S_d 的参数。为了进一步提高性能，广泛使用的中心偏置机制也被采用以增强最终的三维显著图效果。

9.3.2 由 RGB-D 数据生成点云数据

点云数据库（Point Cloud Library，PCL）是一个基于BSD（Berkeley Software Distribution）许可发布的 C++ 开源程序库，旨在用于云处理和三维计算机视觉系统的开发。这里的由 RGB-D 数据生成点云数据就是直接运用了 PCL 的相关内容。

假设用点云描述空间世界，则将其表示为 $X=\{x_1, \cdots, x_n\}$，并用 6 个分量 r，g，b，x，y，z 分别表示每个点的具体特征，其中包含存储于彩色图像中的颜色信息 r，g，b，空间位置 x，y，z，其具体数值的计算可以通过图像和摄像机模型的实际方位获取。一个空间点 $O(x, y, z)$ 和它在图像中的像素坐标 (u, v, d) 之间的对应关系可表示为以下公式，其中 d 代表深度数据。

$$\begin{aligned} u &= \frac{x \cdot f_x}{z} + c_x \\ v &= \frac{y \cdot f_y}{z} + c_y \\ d &= z \cdot s \end{aligned} \qquad (9-13)$$

上式中，x 和 y 两个坐标轴上的摄像机焦距分别用 f_x 和 f_y 表示，摄像机的光圈中心用 C_x 和 C_y 表示。在缩放性方面，将深度图像中的数据与实际距离的比例用缩放因子（Scaling Factor）表示，简称 s。当把 (u, v, d) 作为已知，就可以推导出 (x, y, z) 的计算公式，即构建点云的计算公式：

$$\begin{aligned} x &= (u - c_x) \cdot z / f_x \\ y &= (v - c_y) \cdot z / f_y \\ z &= d / s \end{aligned} \qquad (9-14)$$

为统一规范地进行标准化计算，常常设定摄像机的内部不变参数矩阵 C，用来定义四个参数 f_x，f_y，C_x 和 C_y。摄像机的内参矩阵设定方法多种多样，在明确内参后，构建点云中每个点的计算公式就可以用下面结构整齐的矩阵模型来替代：

$$s \cdot \begin{bmatrix} u \\ v \\ 1 \end{bmatrix} = C \cdot \left(R \cdot \begin{bmatrix} x \\ y \\ z \end{bmatrix} + t \right) \tag{9-15}$$

上式中，用旋转矩阵 R 和位移矢量 t 表示摄像机的不同摆放位置，若摆放的摄像机产生了位置偏移和旋转角度，那么只要将对应的空间点进行旋转矩阵和位移矢量操作即可。鉴于本章的实验对象是单幅点云数据，所以本章设定 R 为单位矩阵 I，设定 t 为零。通常用 short 数组（以 mm 单位）表示深度图像中的每个像素数据，s 取值为 1000。

9.3.3　建立邻域图

VCCS 是一种高效超体素点云过分割算法，本文受 VCCS 算法思想启发，提出了基于显著图和 VCCS 的超体素分割算法。

根据给定的空间分辨率 r，使用 k 均值聚类（k-means Clustering）算法的区域增长变化来直接在体素八叉树结构内生成点的标记，构建体素空间 V_r。本章采用 $V_r(i)$ 表示在体素空间 V_r 内索引为 i 的体素的特征向量：

$$V_r(i) = F_{1, \cdots, n} \tag{9-16}$$

其中，F 指的是含有 n 个点特征的特征向量，这些特征包括颜色、几何位置和法线等。对于一个三维形体求出最大坐标值点 $P_{max}(X_{max}, Y_{max}, Z_{max})$ 以及最小值点 $P_{min}(X_{min}, Y_{min}, Z_{min})$，求出以这两个点构成长方体各边长 $L_x = |X_{max} - X_{min}|$，$L_y = |Y_{max} - Y_{min}|$，$L_z = |Z_{max} - Z_{min}|$，然后求出统一包围边长 $L = max(L_x, L_y, L_z)$，以 P_{min} 为最小顶点，统一边长 L 为边长，作一个三维形体的正方体。在体素化三维空间 V_r 中，体素是空间中的一个正方体，体素与相邻体素之间的邻域关系有如下三种：

① 26- 邻域：两个体素有一个公共顶点或者一条公共边或者一个公共面。

② 18- 邻域：两个体素有一条公共边或一个公共面。

③ 6- 邻域：两个体素有一个公共面。

本章算法采用的相邻体素是 26- 邻域，即对于给定的体素，所有 $3 \times 3 \times 3$ 邻域内的体素均为其邻域。对于给定的体素，可以通过基于 K-D 树的邻域搜索法中的 K- 近邻搜索有效地完成构建体素空间邻域图，这里所有 26- 邻域体素的中心都包含在给定中心点 $\sqrt{3} * R_{voxel}$ 范围内，R_{voxel} 指的是用于分割的体素分辨率，即使用八叉树结构对三维空间进行均等划分时，八叉树叶子结点的分辨率。

9.3.4　选取种子点初始化超体素

在体素空间邻域图建立后，接着讨论如何选择用于初始化超体素的一定量的种子点。首先，将空间划分成分辨率为 R_{seed} 的体素化网格，使超体素从网格上均匀分布的种子点集逐步扩展，为保持有效性，算法不进行全局搜索，只考虑种子点集中心 R_{seed} 内的点，R_{seed} 明显大于 R_{voxel}，说明生成种子点过程中涉及不同距离和参数概述。所有在体素空间 V_r 中，且与种子空间 V_s 非空叶子节点的中心点距离最近的体素作为种子点的初始候选集。

一旦有了种子点候选集合，必须在深度图像中滤除由噪声产生的一些种子，它们可能是空间上孤立的点，或者是和相邻体素没有有效链接的点。在每个种子点周围建立一个小的搜索半径 R_{reach}，并且删除一些种子点，这些种子点指的是不具备至少有与半个搜索体相交的平面所占据的体素。一旦滤除完毕，则将剩余的种子点转移到具有最小搜索量的搜索体的邻域体素中，其梯度计算公式为：

$$G(i) = \sum_{k \in V_{adj}} \frac{\|V(i) - V(k)\|_{CIELab}}{N_{adj}} \tag{9-17}$$

本章使用邻域体素在 CIELab 空间中的距离总和，要求通过互相连接的相邻体素 N_{adj} 的数量来归一化梯度测量。

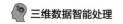

其中，R_{seed} 决定了超体素之间的距离；R_{voxel} 决定了被量化点云的分辨率；R_{reach} 用于确定是否有足够数量的占用体素以满足种子点的需要。R_{seed} 和 R_{voxel} 必须人为设置。

9.3.5 特征描述和距离度量

在选择初始种子点后，迭代地执行体素的局部聚类，直到所有的体素被分配给超体素。超体素是 39 维特征空间中的聚类，其定义如下：

$$F = [x, y, z, c, FPFH_{1,\cdots,33}] \qquad (9\text{-}18)$$

其中，x，y，z 是空间坐标；L，a，b 是 RGB 空间中的颜色；$FPFH_{1,\cdots,33}$ 是快速点特征直方图（Fast Point Feature Histogram，FPFH）的 33 个元素。FPFH 是一种局部几何特征，具有姿态不变性，通过使用 k 个最近邻域的组合来描述点的局部表面模型属性。它是针对早期速度优化的点特征直方图的扩展，且计算复杂度为 $O(n \cdot k)$。

每个体素被分配给超体素，其质心需具有最小的标准化距离，为了计算这个空间标准化距离，必须首先将空间分量归一化为距离，因此距离的相对重要性将根据种子分辨率 R_{seed} 的变化而变化。本章限制了每个聚类的搜索空间，使聚类结束于相邻的聚类中心。这意味着可以使用被认为是聚类的最大距离点来归一化空间距离 D_s，该距离位于 $\sqrt{3}R_{seed}$ 的距离处。颜色距离 D_c 是 RGB 颜色空间中的欧氏距离，m 是归一化常数。FPFH 的空间距离 D_{HiK}，通过使用直方图交点内核计算得到。最终得到最小标准化距离 D 的方程式：

$$D = \sqrt{\frac{\mu D_s^{\,2}}{3R_{seed}^{\,2}} + \frac{\lambda D_c^{\,2}}{m^2} + \varepsilon D_{HiK}^{\,2}} \qquad (9\text{-}19)$$

其中，λ，μ，ε 分别控制聚类中颜色、空间距离和几何相似性的影响，分别是每个距离的权重，且 $\lambda + \mu + \varepsilon = 1$。

9.3.6 基于显著图和 VCCS 的超体素分割

在生成显著图后，本章采用 k-means 聚类将显著图分割成 k 个区域，相同的分割也将点云划分为 k 个聚类，将这个聚类按照其平均显著性数值的大小以升序排列存储。根据平均显著性数值大小确定超体素种子的分辨率：具有较高平均显著性数值的聚类将具有更密集的种子分布。

为控制超体素的大小，分别定义最小和最大种子分辨率 R_{min} 和 R_{max}。第 k 个聚类的种子分辨率 r_k 是：

$$r_k = 10^{\log R_{max} - (k-1)d} \qquad (9\text{-}20)$$

其中，步长 d 定义如下：

$$d = -\frac{\log R_{min} - \log R_{max}}{K - 1} \qquad (9\text{-}21)$$

由分析可知，高显著性区域种子点分布密集，较少显著性区域具有较稀疏的种子分布。本章将 VCCS 独立地应用于每个聚类的点，使用 r_k 作为种子分辨率 R_{seed} 在聚类 k 中的数据，得到的每个聚类分割结果被合并以获得最终的超体素分割。

9.4 案例分析

本章在 NYUV2 和 SUNRGBD 标准 RGB-D 数据集上进行了对比实验。NYUV2 包含 1449 个彩色图像及相关的深度信息，SUNRGBD 则含有 10335 张杂乱的室内场景图像，包含颜色和深度信息。本章使用 400 个随机选择的图像来评估选取的显著性模型方法，融合系数 $w=0.8$。

为了说明深度数据对后续三维点云超体素的分割结果存在正向影响，本节选用 RGB 彩色图像和本章算法输入的 RGB-D 数据，分别运用三维点云超体素分割算法。

9.5 本章小结

本章将输入的 RGB-D 数据图像做预处理，分别生成显著图数据和点云数据，特别是在显著性分析上，本章选取了三种典型的显著性模型，即基于小波转换（Wavelet Transform）的显著性模型、基于 MBD（Minimum Barrier Distance）的显著性模型和基于鲁棒性背景检测（Robust Background Detection）的显著性模型；然后依据不同显著值对显著图运用 k-means 分割成 k 个区域，同时，相同的分割也将点云数据分为 k 个聚类，这个聚类按照其平均显著值的大小以升序排列存储；再根据平均显著性数值大小为每个聚类分配一个种子分辨率，其中超体素分割方法，本文受 VCCS 启发，对每个不同的种子分辨率聚类分别应用 VCCS 超体素分割方法；最后，将得到的每个聚类分割结果合并以获得最终的超体素分割。

第 10 章　基于局部特征描述的复杂三维点云场景目标检索方法

10.1　引言

点云是由代表一个目标几何结构的三维空间数据点组成的集合，其数据结构 P 内的每个数据点的坐标值 p_x，p_y，p_z 都对应于一个复杂的三维坐标系。在一个真实的目标—背景点云数据中，坐标系原点（0，0，0）代表用于获取数据的传感器位置。产生坐标值的方式有两种：使用计算机合成数据集或通过真实的目标获取数据。

三维点云中存在着大量的滋扰现象，如噪声污染、点云密度变化、目标遮挡等都在一定程度上使得对三维目标的检索困难大大增加。通过将局部特征与三维目标检索相结合，虽然带来了局部特征对点云密度变化和噪声污染的敏感性问题，但在很大程度上有效地解决了复杂三维场景中的目标相互遮挡问题。本章提出了一种基于局部特征描述的复杂三维点云场景目标检索方法来解决上述问题。在每个特征点，通过计算其邻域的几何重心和点云密度权重，产生改进的散布矩阵，来建立局部坐标系（Local Reference Frame，LRF）；同时提出一个改进的法向量计算方法，产生一个新的 SHOT（Signature of Histogranme of Orientations）局部特征描述符；最后采用最近邻与次近邻之比（Nearest-neighbor Distance Ratio，NNDR）的统计策略进行特征匹配，通过几何一致性（Geometric Consistency，GC）和迭代最近点（Iterative Closest Point，ICP）方法实现三维模型的精确检索。

本章安排如下：10.2 节给出基于局部特征的目标检索描述，以及三维点云目标识别方法步骤；10.3 节首先从概述的角度对本章算法作以介绍，然后分别从改进的局部坐标系框架和新的 SHOT 局部特征描述角度对算法的每个步骤进行系统说明；10.4 节从四个不同的评估方面给出了本章算法的实验结果和详细分析；对本章的小结见 10.5 节。

10.2　相关工作

10.2.1　局部特征描述的目标检索

根据特征描述进行三维目标检索的方法多种多样，依据不同的特征描述方式，三维目标检索方法从流程上分为基于局部特征的方法和基于全局特征的方法。需要说明的是，基于全局特征的目标检索方法在目标存在遮挡或者复杂场景中会存在较大误差的问题，所以需要将预分割作为对模型的预处理步骤。但基于局部特征的方法对于上述场景则表现出了极强的处理能力和稳健特性，所以它一直是学术界的重点研究对象（图 10-1）。

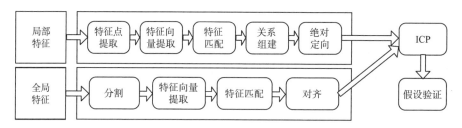

图10-1　基于特征描述的三维目标检索框架

局部特征描述又可依据是否使用局部参考系（Local Reference Frame，LRF）分为以下两类。

第一类：没有使用 LRF 的特征描述。通过使用直方图或局部几何特性信息统计（如法线和曲率）来构成一个特征描述。splash 特征记录特征点和测量邻域点法向间的关系，这一关系随之被编码为一个三维向量，最终转换成曲率和扭转角度。另外，可以通过使用深度值、表面法向、形状索引，以及它们的结合生成直方图构造特征，实验结果显示表面法向和形状索引展示出了较高的区分水平。Surface Signature 特征通过将表面曲率信息编码为二维直方图生成，此方法被用来评估尺度转换，也用于三维场景中的目标识别。

第二类：具有 LRF 的特征描述。通过对邻域点的空间分布或几何信息编码来定义 LRF。通过使用从邻域点到其指定平面投影的距离得到一个点签名（PS），它的优点是不需要对表面求导，缺点是基准方向不唯一，并且对网格分辨率敏感。在此研究基础上，为使得局部特征更为稳定，LRF 对特征描述性能的较大影响得以重视，引出直方图方向特征的概念（SHOT）。

10.2.2　三维点云目标识别的方法步骤

本章提出的三维目标检索算法遵循基于局部特征的目标检索方案框架，其步骤如下所述。

（1）特征点检测

在三维点云或网格中，依据实际检测标准，找出符合该标准且同时包含稳定性和显著性的点的集合，称为特征点，有时也称作关键点或兴趣点。特征点检测结果的正确与否对后续的检索、识别乃至追踪都有着直接影响，因此将特征点的检测过程看作处理三维模型信息技术的重中之重。对三维模型进行检测的特征点根据相关检测标准执行以下步骤（图 10-2）：

图10-2　基于局部特征描述的三维目标检索顺序步骤

① 三维模型的边缘及表面变化信息是特征点检测的必要考虑因素。
② 可以对特征点位置做重复检测。
③ 特征点的具体位置要求具备稳定的支撑域邻域。

三维特征点检测方法鉴于不同的检测标准可以分为三类：根据确定尺度的特征点检测、根据变换尺度的特征点检测和根据自适应尺度的特征点检测。本章使用 PCL 库中边界点去除的内在形状签名（Intrinsic Shape Signatures with Boundary-point Removal，ISS-BR）特征点检测提取目标与场景模型中的特征点。

（2）特征描述提取

特征描述提取过程就是将特征点及其邻域的几何信息向特征向量的映射过程。局部特征主要分为：基于签名（Signature）、基于直方图（Histogram）和基于变换（Transform）的方法。本算法对每一个特征点，定义一个 LRF，生成一个新的 SHOT 特征。

（3）特征匹配

将两个特征向量的欧氏距离或马氏距离通过计算引入，以达到实现特征匹配的目的。经典的统计策略主要分为：基于阈值的统计策略、基于最近邻的统计策略（Nearest Neighbour，NN）和基于最近邻与次近邻之比 NNDR 的统计策略三类，本算法就是采用此种统计策略，即当目标特征到最近邻与次近邻的欧式距离之比小于给定阈值时认为二者匹配。

（4）生成假设

由于大量的错误匹配对会出现在单纯依靠相似性准则匹配的特征中，通常采用几何一致性或广义霍夫变换准确地预测和计算目标到场景的变换关系。本算法通过几何一致性估计目标在场景中可能出现的位置。

（5）假设验证

由于假设生成阶段只能生成简单的大概变换假设，所以将正确假设与错误假设区别开来就需要引入假设验证。经典的假设验证方法有迭代最近点算法 ICP 和绝对定向（Absolute Orientation，AO）算法。本算法使用迭代最近点假设验证法。

10.3　方法描述

10.3.1　方法概述

本章提出了一种基于局部特征描述的复杂三维点云场景目标检索方法，该过程主要包括以下几个步骤：

①在每个特征点，通过计算其邻域的几何重心和点云密度权重，产生改进的散布矩阵，来建立局部坐标系 LRF，即通过增加点云密度次幂系数形成新

的点云密度权重，随之不断更新几何重心的位置，直至支撑域内点到几何重心的距离小于设定的阈值，以满足 LRF 在不同点云密度下的鲁棒性。

②根据提出的改进法向量计算方法，产生一个新的 SHOT 局部特征描述符，同时通过计算特征点及其邻近点之间 RGB 值的绝对差之和直方图，对 SHOT 局部特征添加颜色信息。

③采用最近邻与次近邻之比 NNDR 的统计策略进行特征匹配，通过几何一致性 GC 和迭代最近点 ICP 方法在复杂点云场景中实现三维模型的精确检索。

10.3.2　改进的局部坐标系框架

局部坐标系单一性和可重复性的强弱直接影响后续特征描述子的描述性和鲁棒性，可见，定义一个单一、明确且稳定的局部坐标系至关重要。原始 SHOT 特征对噪声、目标遮挡和复杂场景均具有很好的鲁棒性和描述性，但对点云密度变化的稳健程度却很差。因此，为从根本上解决原始 SHOT 特征对点云密度变化具有较弱鲁棒性的问题，本章引入了对原始 SHOT 的局部坐标系进行改进的想法。

原始的 SHOT 通常首先生成特征点邻域内的加权散布矩阵（Weighted Scatter Matrix），并提取该散布矩阵的特征向量，即采用散布矩阵特征值分解（Eigen Value Decomposition，EVD）后的三个正交特征向量 $V=\{v_1, v_2, v_3\}$ 表示三个坐标轴来建立局部坐标系，特征向量 λ_1，λ_2，λ_3 按照其对应的特征值 v_1，v_2，v_3 进行排序，分别表示 x 轴，y 轴和 z 轴。x 轴和 z 轴的方向由特征点 p 到邻近点 p_i 的方向决定，二者的交叉乘积又决定了 y 轴的方向。由于原始 SHOT 只考虑噪声影响而仅添加距离权重项，并直接用特征点 p 代替对中心点 $\tilde{p}$ 的计算，那么原始 SHOT 的散布矩阵可变形为：

$$M = \frac{1}{\sum\limits_{i:d_i \leqslant R}^{k}(R-d_i)}\sum_{i=0}^{k}(R-d_i)(p_i-p)(p_i-p)^{\mathrm{T}} \qquad (10\text{-}1)$$

其中，R 为支撑域半径大小，$d_i = \|p_i - p\|$ 表示支撑域内邻近点到特征点的

欧式距离。原始的加权点云密度和改进后的加权点云密度如下面公式所示，其中 p_i 为特征点，p_j 为支撑域内的邻近点，$\tilde{p}$ 是不同点云密度下的几何重心：

$$W_{ij} = \frac{1}{\left(R - \| p_j - \tilde{p}_i \|\right)} \qquad (10\text{-}2)$$

$$W_{ij}' = \frac{W_{ij}}{\text{density}^\beta\left(p_j\right)} = \frac{1}{\left(R - \| p_j - \tilde{p}_i \|\right) \cdot \text{density}^\beta\left(p_j\right)} \qquad (10\text{-}3)$$

建立局部坐标系的散布矩阵：

$$COV(p_i) = \frac{\sum_{\|p_j - p_i\| \leqslant R} W_{ij}' \cdot (p_j - p_i)(p_j - p_i)^{\mathrm{T}}}{\sum_{\|p_j - p_i\| \leqslant R} W_{ij}'} \qquad (10\text{-}4)$$

另外，为保持与原始 SHOT 特征的一致性，本章借鉴 Lin 在建立散布矩阵时计算不同点云密度下中心点的方法，将能够使支撑域内所有点到它的距离之和最小的中心点，重新定义，称为几何重心，它具有很好的稳健性。

$$\underset{\|p_j - p_i\| < R}{\mathrm{argmin}} \sum W_{ij}' \cdot \| p_j - \tilde{p}_i \| \qquad (10\text{-}5)$$

具体算法如下：

计算不同点云密度下的几何重心 $\tilde{p}_i$

输入：在支撑域半径内，特征点 P_i 的邻域 $P = \{p_1, p_2, \cdots, p_n\}$ 和阈值 ε

输出：几何重心 $\tilde{p}_i$

---

①初始化：$\tilde{p}_i = p_i$。

②迭代开始：

$p_0 = \tilde{p}_i$

$$W_{ij} = \frac{1}{\left(R - \| p_j - \tilde{p}_i \|\right) \cdot \text{density}^\beta\left(p_j\right)}$$

③更新几何重心和权重：

$$\tilde{p}_i = \sum_{j=1}^{n} W_{ij} * p_j / \sum_{j=1}^{n} W_{ij}$$

④如果 $\|\tilde{p}_i - p_0\| < \varepsilon$ ，输出 $\tilde{p}_i$ ；否则，转向步骤2。

由于散布矩阵进行 EVD 时，特征向量的方向会存在正负情况的区别，所以符号二义性就会存在于后续算法的整个过程。为从源头上控制并解决该问题，也使得法向和中心点到 SHOT 支撑域内所有邻居点的方向保持一致，本章采用非奇异特征值分解（DEVD）的方法。

以 x 轴为例说明：

$$S_x^+ = \{i \mid d_i \leq R \,\&\&\, (p_i - p) \cdot x^+ \geq 0\}$$
$$S_x^- = \{i \mid d_i \leq R \,\&\&\, (p_i - p) \cdot x^- > 0\}$$

（10-6）

然后计算其 $\tilde{S_x^+}$ 和 $\tilde{S_x^-}$ ：

$$\tilde{S_x^+} = \{i \mid i \in M(k) \,\&\&\, (p_i - p) \cdot x^+ \geq 0\}$$
$$\tilde{S_x^-} = \{i \mid i \in M(k) \,\&\&\, (p_i - p) \cdot x^- > 0\}$$

（10-7）

最终 x 轴正负方向通过统计 $S_x^+, S_x^-, \tilde{S_x^+}, \tilde{S_x^-}$ 的数量大小确定：

$$x = \begin{cases} x^+, & |S_x^+| > |S_x^-| \\ x^-, & |S_x^+| < |S_x^-| \\ x^+, & |S_x^+| = |S_x^-| \,\&\&\, |\tilde{S_x^+}| > |\tilde{S_x^-}| \\ x^-, & |S_x^+| = |S_x^-| \,\&\&\, |\tilde{S_x^+}| < |\tilde{S_x^-}| \end{cases}$$

（10-8）

10.3.3 产生新的 SHOT 局部特征描述

为简化 SHOT 局部特征的描述过程，本节先描述未考虑颜色信息的过程，然后说明颜色处理的含义。

SHOT 中签名计算的是支撑域内邻近点法向 n_q 与特征点 p 确定的局部坐标系中 Z 轴的夹角余弦值（根据半径、水平角、仰角划分 bin 介绍，统计每个 bin 中邻近点法向量与 Z 轴夹角建立直方图）。在计算 SHOT 特征时，区别于使用邻近点的法向，本章是依据上述计算局部坐标系的新方法，对每个邻近点重新计算点云密度权重和带距离权重的散布矩阵，同时法向也被最小特征值对应的特征方向所代替：

$$\cos\theta = n'_q \cdot Z_p \qquad (10-9)$$

式中，n'_q 是最小特征值对应的特征方向，此最小特征是将几何重心和改进散布矩阵相结合计算出来的，局部坐标系的 Z 轴方向用 Z_p 表示。

由于本章实现的 SHOT 描述符不仅运用了三维坐标信息，而且运用了颜色信息，为添加颜色信息的处理，使用上一小节改进的局部坐标系，将特征点 p 的空间区域均匀地平分为一个同方向性球面网格，计算该球体中每个单元（Cell）的两个直方图：一个是法向量之间的角度局部分布直方图；另一个是特征点及其邻近点之间 RGB 值的绝对差之和。在 PCL 库中实现的 SHOT Color 描述符大小为 1344 个 bins。

10.4 案例分析

10.4.1 对生成局部坐标系的鲁棒性评估

采用针对局部坐标系的评估标准评估鲁棒性，即用（k_M，k_S）表示一对匹配特征点对，3×3 的矩阵（L_M，L_S）表示构建的局部坐标系 LRF，其中 X、Y、Z 三个方向坐标轴中任意两个坐标系之间的误差描述为：

$$\epsilon = \text{arcos}\left[\frac{\text{trace}\left(L_M L_S^{-1}\right) - 1}{2}\right]\frac{180}{\pi} \qquad (10-10)$$

其中，用 trace 表示矩阵的迹。当获取了两个相同的局部坐标系（L_M，L_S）

时，$L_M L_S^{-1}$ 是单位矩阵，它的迹为 3，则最终这两个完全相同的局部坐标系之间的误差为 0；同理，当两个局部坐标系 $L_M L_S$ 之间的差异越大，误差也就越大。

10.4.2 Retrieval 数据集的性能评估

本章使用 Retrieval 数据集测试提出的新 SHOT 特征的性能。Retrieval 数据集是三维计算机视觉中最广泛使用的现实场景数据集之一，它包含选自 Stanford 3D Scanning Repository 的 6 个模型和由其中任意 6 个模型经过旋转和平移变换得到的 18 个变换模型场景。其中，模型具体为 Armadillo 模型、Asian Dragon 模型、Bunny 模型、Dragon 模型、Happy Buddha 模型和 Thai Statue 模型。与此同时，数据集也记录了三种噪声强度，它们是 $0.1mr$，$0.3mr$，$0.5mr$（其中，mr 是根据不同的拓扑结构，每个点到与其最近点之间距离的平均值，简称网格分辨率）。

为了评估局部坐标系的鲁棒性，从每个模型中随机抽取 1000 个特征点，并在每个场景中获取其对应点，以产生标定好的真实标准对应关系。同时，将每个场景降采样到其原始网格分辨率的 1/2、1/4 和 1/8，并添加上述三个噪声场景。本章选择不同的网格分辨率和噪声强度对下面三种类型的 LRF 做比较，它们是单一的 LRF、原始 SHOT 描述的 LRF 和本章改进 SHOT 的 LRF。

由实验分析可知，对于噪声标准偏差为 $0.1mr$ 和 $0.3mr$ 的噪声，原始 SHOT 描述的 LRF 在角度误差为 10 至 20 极不稳定，即在区间 [0, 10] 异常优异于单一的 LRF，但在区间 [10, ∞）性能不稳定，而且急剧下降，前后反差很大，从这方面讲，本章改进的 LRF 比原始 SHOT 的 LRF 更稳定；另外，在噪声标准偏差为 $0.5mr$ 的情况下，改进的 LRF 比原始的 LRF 对于噪声更具有鲁棒性。

由于 TriSI 作为特征描述符也需要从点云模型重建的网格模型中使用局部坐标系 LRF，但是本章改进的 SHOT 是针对没有重建过程的纯点云模型，因此这两种描述符无法比较。

10.4.3 特征描述性评估

本章使用正确率和查全率数值对，即正确率—查全率曲线（PRC）评估三维局部特征的描述性。

正确率—查全率曲线生成如下：首先，从对应场景和所有模型的三维点云中提取出许多关键点，并计算这些关键点的特征描述符。其次，执行最近邻与次近邻之比 NNDR 策略检测两个描述符之间的特征匹配对是否稳健。对于每个特征，如果满足条件 $\|N_s - N_M\| / \|N_s - N_M'\| \leqslant \dot{A}$，则认为匹配对是稳健的，其中 N_s 是场景的描述符，N_M 和 N_M' 分别是模型中的最近邻和次近邻。如果 N_M 和 N_s 来自同一个目标，并且 N_M 的关键点与 N_s 对应点的标准数据之间的距离小于支撑区域半径的一半，则认为该匹配是正确的；否则推断是错误的。precision 由正确匹配对数量与匹配对总量之比得出：

$$\text{precision} = \frac{\text{正确匹配对的数量}}{\text{匹配对的总量}} \tag{10-11}$$

Recall 则是计算场景与模型之间对应特征数量中的正确匹配对数量：

$$\text{Recall} = \frac{\text{正确匹配对的数量}}{\text{对应特征的数量}} \tag{10-12}$$

其中，阈值 τ 的范围满足 $\tau \in [0,1]$，为检测描述符的描述性，算法使用 ISS-BR 方法来检测场景和模型中的关键点。

为了测试原始 SHOT、本章改进的 SHOT 和 FPFH 在不同网格分辨率下的特征性能，算法对每个场景降采样到其原网格分辨率的 1/2、1/4 和 1/8。另外，为了评估对噪声的鲁棒性，在每个场景中添加了标准偏差值为 $0.1mr$、$0.3mr$ 和 $0.5mr$ 的三个级别的噪声。特征点支撑域设置为平均网格分辨率的六倍。

由实验分析可知，本章提出的 SHOT 特征对不同级别的网格分辨率和噪声水平是具有高度描述性和鲁棒性的。对不同网格分辨率的鲁棒性进行考量，改进的 SHOT 明显在所有级别的网格分辨率下均优于其他描述符，原始 SHOT 处于第二位置；在 1/4 和 1/8 网格分辨率下，改进的 SHOT 特征的性能大大优于 FPFH，而 FPFH 的结果却不令人满意。关于噪声的鲁棒性评估，改进后的 SHOT 在所有噪声级别下表现出最佳性能，其次是原始 SHOT 描述，最后是 FPFH 描述。然而，随着噪声标准偏差从 0.1mr 增加到 0.5mr 阶段，FPFH 的性能略有增加。

10.4.4 三维目标检索算法评估

为了验证本章所提出的算法的有效性，本章使用 BoD1 数据集进行目标检索测试。BoD1 数据集包含选自 Stanford 3D Scanning Repository 的 6 个模型和随机选择 3 到 5 个模型经过旋转和平移变换得到的 45 个变换模型场景。该数据集包含多种变化，包括复杂的背景、变化的位置、真实的噪声、不同的网格分辨率、遮挡杂波和不同的成像技术。本章使用提出的改进 SHOT 特征进行三维目标检索，Visual C++ 2010 实现本章算法，硬件配置采用 Intel（R）Core（TM）i7-6500K 3.2 GHz 16 GB RAM Windows 对该数据集进行实验。

在本次测试中，将 BoD1 数据集中所有具有噪声标准偏差为 0.1mr 的模型进行以原网格分辨率 1/2 的降采样操作，作为实验模型库。在检索阶段，使用原始 SHOT、本章改进的 SHOT 和 FPFH 进行了比较实验，其中使用 10 倍的平均网格分辨率作为计算法线的半径，15 倍的平均网格分辨率作为 SHOT 和 FPFH 描述符的半径。根据描述性实验可知，NNDR 的值取 0.9 更为合适。

实验分析总结得出，原始 SHOT 的 LRF 对点云密度十分敏感，因此，同时改进法向和 LRF 更能达到的明显的性能改善。SHOT 的表现优于 FPFH，即 SHOT 的检索性能优于 FPFH。基于以上考虑，SHOT 描述符是对同时具备时间效率和高级别描述性和有效性应用程序的最佳选择；另外，面对空间效率的要求，FPFH 由于其对功能存储的低内存要求而更适合。除了上述优点，SHOT 特征也有缺点。它是为固定尺寸的目标设计的，一旦目标发生尺寸变化，SHOT 特征的性能也随之面临挑战。因此，为了解决非刚性变化的问题，未来的研究应趋向改进特征描述，以使其不仅对噪声、点云变化密度和遮挡具有高鲁棒性，也要对非刚性变化呈现一定的稳健性。

10.5　本章小结

本章提出了一个新的 SHOT 局部特征描述。即在每个特征点，通过计算其邻域的几何重心和点云密度权重，产生改进的散布矩阵，来建立局部坐标系 *LRF*，并使用提出的改进法向量计算方法生成新的 SHOT 局部特征描述符，同时添加颜色信息，最后应用几何一致性 GC 和迭代最近点 ICP 方法对点云场景中的三维模型进行检索。实验结果表明，本章提出的 SHOT 特征提取算法对噪声和点云密度变化十分稳健，此外，在复杂三维点云场景中，该局部描述符的目标检索也是极为高效的。

虽然检索效率有所提升，但需要改进的地方仍有许多。例如，近年来提出的深度学习是一种可以自动完成三维数据特征表示的机器学习方法。因此，下一步的工作是将有效的手工三维特征与深入学习特征的功能相结合，以进一步提高未来复杂三维点云场景中目标检索的性能。

第 11 章　总结与展望

11.1　总结

　　鉴于如何产生符合进一步研究要求的识别结果是图形图像识别尤为关注的问题之一，本书从三维数据的产生背景与意义入手，首先介绍了三维数据的基本概念和分类，包括超像素、超体素、点云数据及 RGB-D 数据等。通过深入剖析这些数据的生成原理、特性及获取方法，为读者构建了一个清晰的三维数据认知框架。在此基础上，我们进一步探讨了三维数据的识别、特征提取、聚类分析等关键技术，详细介绍了多种先进的算法与模型，并通过案例分析展示了这些技术在实际应用中的效果与优势。

　　第 1 章主要介绍了三维数据的基本概念、产生背景及其重要性。它详细阐述了超像素和超体素的概念、原理、历史发展及生成方法，这些都是三维数据表示的重要技术手段。此外，还讨论了点云数据的几何属性、特性、获取方法及其在三维重建和场景理解中的应用，同时介绍了 RGB-D 数据的产生背景、原理及生成方法，这些数据类型构成了三维数据处理与分析的基础。

　　第 2 章聚焦于三维数据的识别技术，包括识别与聚类的基本原理和常用方法。本章深入探讨了识别技术在三维数据处理中的应用，通过聚类等方法实现对三维数据中目标物体的识别与分类，为后续的分析和处理提供基础。

　　第 3 章主要介绍了三维数据特征提取的各种方法，包括基于统计信息内容、视图投影、函数变换及多特征融合的特征提取技术。这些方法旨在从三维数据中提取出有用的特征信息，以便进行更高效、更准确的后续处理与分析。

　　第 4 章详细阐述了一种基于核的三维模糊 C 均值聚类方法，用于体数据的识别。该方法通过引入核技术改进了传统的模糊 C 均值聚类算法，提高了对复杂三维体数据的处理能力和识别精度，并通过案例分析展示了其在实际应用中的效果。

第 5 章介绍了一种基于超体素几何特征的三维点云场景识别方法。该方法利用超体素对点云数据进行初步组织，并提取其几何特征进行聚类识别，有效提高了点云场景识别的准确性和效率。本章还通过案例分析验证了该方法的有效性。

第 6 章提出了一种基于视觉显著图的 RGB-D 数据识别方法。该方法首先利用 RGB-D 数据生成显著图，然后通过点云生成和超体素识别等技术手段，实现对 RGB-D 数据中显著目标的识别与分割。本章还详细分析了该方法在识别性能上的优势。

第 7 章讨论了基于 FCM 和离散正则化的多目标图像识别方法。该方法通过图像增强预处理、基于直方图的 FCM 聚类及基于离散正则化的半监督修正等步骤，提高了多目标图像识别的准确性和鲁棒性。

第 8 章介绍了基于特征点检测的三维网格聚类识别算法。该算法首先检测三维网格中的特征点，然后对这些特征点进行聚类分析，最后通过聚类结果实现对三维网格的识别。本章还通过实验验证了该算法的有效性和准确性。

第 9 章提出了一种基于显著性分析和 VCCS 的三维点云超体素分割方法。该方法结合显著性分析和 VCCS 技术，实现了对三维点云中显著超体素的准确分割。本章还通过案例分析展示了该方法在实际应用中的效果。

第 10 章探讨了基于局部特征描述的复杂三维点云场景目标检索方法。该方法通过改进的局部坐标系框架和新的 SHOT 局部特征描述，提高了对复杂三维点云场景中目标的检索性能。本章还通过多个数据集的性能评估验证了该方法的有效性。

11.2　研究成果及未来展望

11.2.1　研究成果

①针对医学体数据识别问题，提出了改进的基于核的三维模糊 C 均值聚

类方法对超体素聚类识别。通过在建立的灰度直方图中寻找梯度最小值的点作为种子点，计算体素之间的颜色距离、空间距离，以及体素与聚类中心的坐标差值，扩展到三维简单线性迭代聚类方法将体素图像划分为超体素。算法通过构造空间约束的隶属度改进基于核的模糊 C 均值聚类，使得在处理具有噪声的体数据识别时结果更加稳定，并保留更多细节，有效提高了三维人脑组织识别的精确度。

②面向点云密度，基于超体素的局部坐标系构建精确地表示了超体素特征，提出了实现三维点云场景识别新算法。在超体素内构建局部坐标系框架，使得对中心点法向量的计算更加准确，加之视觉特性，用接近度、相似性和连续性描述超体素特征，其次在每个超体素周围建立图模型，应用基于图的聚类并根据其相似性合并超体素，以产生更符合人类视觉特性的点云数据识别结果。算法可以对复杂的三维点云场景实现有意义且较为合理的识别，特别是对目标边界的识别具有很好的鲁棒性，为日益成熟的模型高层次语义分析提供条件。

③针对 RGB-D 数据识别问题，提出了基于视觉显著图指导生成超体素的新方法。采用视觉显著性图像检测方法生成三维显著图，结合平均显著值、空间、颜色和亮度特征距离描述点云体素生成超体素，再基于超体素的几何距离和色彩信息特征描述迭代合并超体素。通过比较三种典型的视觉显著性检测方法在识别中的有效性，证明生成视觉显著图的识别结果更加准确和均匀，在计算效率方面也更加便捷和高效。

11.2.2 未来展望

三维数据识别是图形图像处理技术、信息融合理论及计算机视觉等相关综合性研究领域中具有挑战性的基础课题之一。随着近几十年国内外众多学者的不断研究与创新，三维数据识别的理论框架、相关算法、评价体系等方面均取得了长足的进步与发展。同时，在人们生产与生活的诸多领域都得到了广泛应用。本文对基于超体素的三维数据识别进行了深入探讨，从不同的研究角度，分别提出了新的三维数据识别算法，并生成了较好的识别结果。然而，本书所做的工作及提出的算法均有不足之处，并且都还有很大的改进空间，下面分别介绍基于超体素的三维数据识别的后续研究工作。

①由于 MRI 技术具有成像清晰、对人体安全无创等诸多优点，对其相关应用将会随着时间的推移越发普遍，将模糊 C 均值聚类算法运用到 MRI 中实现医学体素识别必将成为未来医学图像处理领域中的一项重点研究课题。本书提出的基于核的三维模糊 C 均值聚类算法对体数据进行识别时，需要给出初始聚类中心值和聚类数目，这里初始聚类中心的选择会影响最终的识别效果，在后续的工作中将尝试结合先验知识和自适应自动给出聚类数目和初始聚类中心值。

总结运用到 MRI 中的模糊 C 均值聚类算法的众多应用，今后的研究有两个方向：一是在模糊 C 均值聚类算法中增加图像的空间信息、纹理信息及形态学等其他图像学的相关知识，从而使算法在处理含有噪声的数据集时的结果更加鲁棒，对图像边缘和细节的处理更加智能；二是优化模糊 C 均值聚算法的训练过程，避免其陷入局部极值，以便进一步提升算法的计算效率。

②对于三维点云识别算法，虽然本书算法的识别效率有所提升，但有待改进的问题仍有许多，这些问题的解决不仅依赖于采集设备等硬件条件，也需要依赖高效、稳定的特征提取和识别策略来实现精确识别。如何通过选取适合的特征描述符来更好地估计点云数据的特征和分布，是否可以利用高效的数据结构和识别算法来表示和识别点云数据，都是点云识别领域的重要研究问题，也是现阶段识别领域的主流研究方向。

由于人工智能和机器学习的快速发展，基于机器学习的点云识别是一种新兴的优秀识别算法，由其细分出来的深度学习是一类可以自动完成三维数据特征表示的机器学习方法，目前的关注点是从机器学习领域借鉴一些可以在深度学习中使用的方法，将有效的手工三维特征与深度学习特征相结合，提高学习、训练阶段的处理速度和算法的识别效率，以进一步增强未来复杂三维点云场景中目标识别的性能。

③由于目前针对视觉显著性的研究一般都是基于二维图像或视频，而人的视觉感知是面向三维立体世界的，因此在三维场景下的视觉显著性研究才更具有研究意义和价值。而三维模型的视觉显著性研究还处于初级阶段，本书将视觉显著性图像检测方法用于三维点云超体素识别问题中，算法对单一目标识别

效果较好，但对位于场景相对复杂的三维模型，其识别效果存在差异。

　　下一步的工作，首先将考虑引入高级语义识别，即对同一模型各部件间的语义对应关系进行分析，以实现复杂场景的多目标协同识别。其次，进一步研究图像的视觉显著性检测算法，来提高处理具有复杂背景图像的能力。最后，以视觉显著性作为衡量标准，对图像进行一定的增强或转换操作，希望产生更符合观察需求的识别结果。

参考文献

［1］柳伟. 三维模型特征提取与检索 [D]. 上海：上海交通大学，2008.

［2］王洪申，张树生，白晓亮，等. 三维 CAD 曲面模型距离－曲率形状分布检索算法 [J]. 计算机辅助设计与图形学学报，2010，22(5)：762-770.

［3］蒋立军. 三维模型的局部匹配和检索方法研究 [D]. 哈尔滨：哈尔滨工业大学，2014.

［4］张开兴，黄瑞，刘贤喜. 基于距离－夹角形状分布的三维 CAD 模型检索算法 [J]. 农业机械学报，2014，45(4)：316-321.

［5］李朋杰. 面向三维模型检索的特征提取算法研究 [D]. 北京：北京邮电大学，2012.

［6］向训文. RGB-D 图像显著性检测研究 [D]. 广州：华南理工大学，2015.

［7］Sipiran I，Bustos B，Schreck T. Data-aware 3D partitioning for generic shape retrieval[J]. Computers & Graphics，2013，37(5)：460-472.

［8］Gupta S，Arbeláez P，Malik J. Perceptual Organization and Recognition of Indoor Scenes from RGB-D Images[J]. Computer Vision and Pattern Recognition (CVPR)，2013.

［9］Moore A P，Prince S J D，Warrell J，et al. Superpixel lattices[C]. Computer Vision and Pattern Recognition，2008. CVPR 2008. IEEE Conference on，IEEE,2008：1-8.

［10］Levinshtein A，Stere A，Kutulakos K N. TurboPixels: Fast Superpixels Using Geometric Flows[J]. IEEE Transactions on Pattern Analysis & Machine Intelligence，2009，31 (12)：2290 -2297.

[11] Veksler O，Boykov Y，Mehrani P. Superpixels and supervoxels in an energy optimization framework. [J]. Lecture Notes in Computer Science，2010，6315: 211-224.

[12] Achanta R，Shaji A，Smith K，et al. SLIC Superpixels Compared to State-of-the-Art Superpixel Methods[J]. IEEE Transactions on Pattern Analysis & Machine Intelligence，2012，34(11): 2274-2282.

[13] Weikersdorfer D，Gossow D，Beetz M. Depth-adaptive superpixels[C]. International Conference on Pattern Recognition. IEEE，2012，2087-2090.

[14] Simari P，Picciau G，De Floriani. Fast and scalable mesh superfacets[J]. Computer Graphics Forum，2014，33(7): 181-190.

[15] Mahapatr D，Schuffler P J，Tielbeek J A，et al. Automatic detection and segmentation of crohn's disease tissues from abdominal mri[J]. Medical Imaging，IEEE Transactions on，2013，32(12): 2332-2347.

[16] H. E. Tasli，C. Cigla，A. A. Alatan. Convexity constrained efficient superpixel and supervoxel extraction[J]. Signal Processing: Image Communication，2015，33: 71-85.

[17] B. Andres，U. Koethe，T. Kroeger et al. Hamprecht. 3d segmentation of sbfsem images of neuropil by a graphical model over supervoxel boundaries[J]. Medical image analysis，2012，16(4): 796-805.

[18] A. Foncubierta-Rodríguez，H. Müller，A. Depeursinge. Region-based volumetric medical image retrieval[J]. in SPIE Medical Imaging. International Society for Optics and Photonics，2013: 867406-867406.

[19] J. Papon，A. Abramov，M. Schoeler. Voxel Cloud Connectivity Segmentation-Supervoxels for Point Clouds[J]. In Proc. IEEE Conf. Computer Vision and Pattern Recognition，2013: 2027-2034.

[20] Yang J，Gan Z，Li K，et al. Graph-Based Segmentation for RGB-D Data Using 3-D Geometry Enhanced Superpixels[J]. IEEE Transactions on Cybernetics，2015，45(5): 913-926.

［21］Picciau G，Simari P，Iuricich F，et al. Supertetras: A Superpixel Analog for Tetrahedral Mesh Segmentation[J]. International Conference on Image Analysis and Processing (ICIAP)，Genoa，Italy，2015.

［22］Stückler J，Behnke S. Multi-Resolution Surfel Maps for Efficient Dense 3D Modeling and Tracking[J]. Journal of Visual Communication and Image Representation，2014，25(1): 137-147.

［23］C. Y. Ren，I. Reid. Slic: a real-time implementation of slic superpixel segmentation[J]. University of Oxford，Department of Engineering,Technical Report，2011.

［24］A. Levinshtein，A. Stere，K. Kutulakos，et al. Turbopixels: Fast superpixels using geometric flows[J]. IEEE Transactions on Pattern Analysis. and Machine Intelligence，2009，31(12): 2290-2297.

［25］X. Ren，J. Malik. Learning a classification model for segmentation[J]. in Proceedings of the 9th IEEE International Conference on Computer Vision，2003: 10-17.

［26］Felzenszwalb P F，Huttenlocher D P. Efficient Graph-Based Image Segmentation[J]. International Journal of Computer Vision，2004，59(2): 167-181.

［27］O. Veksler，Y. Boykov，Mehrani. Supervoxels in an energy optimization framework[J]. in Proceedings of the 11th European Conference on Computer Vision，2010: 211-224.

［28］Cheng J，Liu J，Xu Y，et al. Superpixel Classification Based Optic Disc and Optic Cup Segmentation for Glaucoma Screening[J]. IEEE Transactions on Medical Imaging，2013，32(6): 1019-1032.

［29］Lucchi A，Smith K，Achanta R，et al. Supervoxel-based segmentation of mitochondria in em image stacks with learned shape features[J]. IEEE Transactions on Medical Imaging，2012，31(2): 474-486.

［30］Adhikari S K，Sing J K，Basu D K，et al. A spatial fuzzy C-means

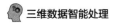

algorithm with application to MRI image segmentation[C]. Eighth International Conference on Advances in Pattern Recognition. IEEE，2015: 1-6.

[31] Wang J，Wang X. VCells: Simple and Efficient Superpixels Using Edge-Weighted Centroidal Voronoi Tessellations[J]. IEEE Transactions on Pattern Analysis & Machine Intelligence，2012，34(6): 1241-1247.

[32] Liu M Y，Tuzel O，Ramalingam S，et al. Entropy-rate clustering: cluster analysis via maximizing a submodular function subject to a matroid constraint[J]. IEEE Transactions on Pattern Analysis & Machine Intelligence，2014，36(1): 99-112.

[33] P. P Sapkota. Segmentation of Coloured Point Cloud Data[D]. Enschede,The Netherlands: 2008.

[34] A. and Bac Le Nguyen. 3D Point Cloud Segmentation: A survey[C]. IEEE 6th International Conference on Robotics，Automation and Mechatronics，2013.

[35] T. Rabbani，Van Den Heuvel，F.，Vosselmann，G. Segmentation of point clouds using smoothness constraint[J]. International Archives of Photogrammetry，Remote Sensing and Spatial Information Sciences，2006，36(5): 248-253.

[36] B. Bhanu，Lee，S.，Ho，C. C. and Henderson，T. Range data processing: representation of surfaces by edges[C]. Proc. 8th International Conference on Pattern Recognition，1986: 236-238.

[37] A. D. Sappa，Devy，M. Fast range image segmentation by an edge detection strategy[C]. Proc. IEEE 3rd 3-D Digital Imaging and Modeling，2001: 292-299.

[38] M. A. Wani，Arabnia，H. R. Parallel edge-region-based segmentation algorithm targeted at reconfigurable multiring network[J]. The Journal of Supercomputing，2003，25(1): 43-62.

[39] E. Castillo，Liang，J.，Zhao，H.，2013··· Point cloud segmentation and

denoising via constrained nonlinear least squares normal estimates[J]. In Innovations for Shape Analysis, Springer Berlin Heidelberg, 2013: 283-299.

[40] A. Jagannathan, Miller, E. L.. Three-dimensional surface mesh segmentation using curvedness-based region growing approach[J]. IEEE Transactions on Pattern Analysis and Machine Intelligence, 2007, 29(12): 2195-2204.

[41] Besl P J, Jain R C. Segmentation through variable order surface fitting[J]. IEEE Transaction on Pattern Analysis and Machine Intelligence, 1988.

[42] Vosselman G, Gorte B G H, Sithole G, et al. Recognising structure in laser scanner point clouds[J]. International Archives of Photogrammetry Remote Sensing & Spatial Information Sciences, 2008: 94-95.

[43] K., Althoff Klasing, D., Wollherr, D., Buss, M. Comparison of surface normal estimation methods for range sensing applications[C]. IEEE International Conference on Robotics and Automation, 2009: 3206-3211.

[44] Xiao J, Zhang J, Adler B, et al. Three-dimensional point cloud plane segmentation in both structured and unstructured environments[J]. Robotics & Autonomous Systems, 2013, 61(12): 1641-1652.

[45] Ackermann S, Troisi S. Una procedura di modellazione automatica degli edifici con dati LIDAR[J]. Bollettino SIFET, 2010, 2: 9-25.

[46] A. V. Vo, L. Truong-Hong, D. F. Laefer and M. Bertolotto. Octree-based region growing for point cloud segmentation[J]. ISPRS J. Photogramm. Remote Sens., 2015, 104: 88-100.

[47] Ballard D H. Generalizing the Hough transform to detect arbitrary shapes[C]. Readings in Computer Vision: Issues, Problems, Principles, & Paradigms. Morgan Kaufmann Publishers Inc, 1981, 111-122.

[48] Tarsha-Kurdi F, Grussenmeyer P. Hough-transform and extended

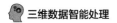

RANSAC algorithms for automatic detection of 3D building roof planes from LiDAR data[C]. ISPRS Workshop on Laser Scanning, 2007: 407-412.

[49] Schnabel R, Degener P, Klein R. Completion and reconstruction with primitive shapes[J]. CGF Eurographics, 2009, 28(2): 503-512.

[50] Chen D, Zhang L, Mathiopoulos P T, Huang X. A methodology for automated segmentation and reconstruction of urban 3-D buildings from ALS point clouds[C]. IEEE Journal of Selected Topics in Applied Earth Observations and Remote Sensing, 2014: 4199-4217.

[51] Poux F, Hallot P, Neuville R, et al. Smart point cloud: definition and remaining challenge[C]. Proc. 11th 3D Geoinfo Conference, Athens, Greece: 2016.

[52] Barnea S, Filin S. Segmentation of terrestrial laser scanning data using geometry and image information[J]. ISPRS J.of Photogrammetry and Remote Sensing, 2013, 76: 33-48.

[53] Weinmann M, Schmidt A, Mallet C, et al. Contextual Classification of Point Cloud Data by Exploiting Individual 3d Neigbourhoods[J]. ISPRS Annals of Photogrammetry, Remote Sensing and Spatial Information Sciences, 2015, II -3/W4: 271-278.

[54] Xu S, Vosselman G, Oude Elberink S. Multiple-entity based classification of airborne laser scanning data in urban areas[J]. ISPRS Journal of Photogrammetry and Remote Sensing, 2014, 88: 1-15.

[55] Weinmann M, Jutzi B, Mallet C. Feature elevance assessment for the semantic interpretation of 3d point cloud data[J]. ISPRS Annals of Photogrammetry, Remote Sensing and Spatial Information Sciences, 2013, II (5-W2).

[56] Guo B, Huang X, Zhang F, et al. Classification of airborne laser scanning data using JointBoost[J]. ISPRS Journal of Photogrammetry and Remote Sensing, 2014, 92: 124-136.

[57] Niemeyer J, Rottensteiner F, Soergel U. Contextual classification of lidar data and building object detection in urban areas[J]. ISPRS Journal of Photogrammetry and Remote Sensing, 2014, 87: 152-165.

[58] Weinmann M, Jutzi B, Mallet C. Semantic 3D scene interpretation: a framework combining optimal neighborhood size selection with relevant features[J]. ISPRS Annals of the Photogrammetry, Remote Sensing and Spatial Information Sciences, 2014, II -3: 181-188.

[59] Hackel T, Wegner J D, Schindler K. Fast semantic segmentation of 3d point clouds with strongly varying density[J]. ISPRS Annals of Photogrammetry, Remote Sensing and Spatial Information Sciences, 2016, III (3): 177-184.

[60] Li K, Yao J, Lu X, et al. Hierarchical line matching based on Line-Junction-Line structure descriptor and local homography estimation[J]. Neurocomputing, 2016, 184(C): 207-220.

[61] MacQueen J, et al. Some methods for classification and analysis of multivariate observations[C]. Proc. 5th Berkeley symposium on mathematical statistics and probability, 1967.

[62] Comaniciu D, Meer P. Mean shift: A robust approach toward feature space analysis[J]. IEEE Transactions on Pattern Analysis and Machine Intelligence, 2002, 24(5): 603-619.

[63] Lavoue G, Dupont F, Baskurt A. A new CAD mesh segmentation method based on curvature tensor analysis[J]. Computer-Aided Design, 2005, 37(10): 975-987.

[64] Yamauchi H, Lee S, Lee Y, et al. Feature sensitive mesh segmentation with mean shift.[C]. Proc. IEEE Shape Modeling and Applications International Conference, 2005, 236-243.

[65] Zhang X, Li G, Xiong Y, et al. 3D mesh segmentation using mean-shifted curvature[C]. Proc. Int. Conference on Geometric Modeling and Processing, 2008: 465-474.

［66］Lecun Y，Bengio Y，Hinton G. Deep learning[J]. Nature，2015，521(7553): 436-444.

［67］Fukunaga K，Hostetler L D. The estimation of the gradient of a density function，with applications in pattern recognition[J]. IEEE Trans.inf. theory，1975，21(1): 32-40.

［68］Gao Y，Dai Q. View-based 3-D object retrieval: Challenges and approaches[J]. IEEE Multimedia，2014，21(3): 52-57.

［69］Paquet E，Rioux M，Murching A，et al. Description of shape information for 2-D and 3-D objects[J]. Signal Processing Image Communication，2000，16(1): 103-122.

［70］Osada R，Funkhouser T，Chazelle B，et al. Shape distributions[J]. ACM Transactions on Graphics (TOG)，2002，21(4): 807-832.

［71］Funkhouser T，Min P，Kazhdan M，et al. A search engine for 3D models[J]. Acm Transactions on Graphics，2003，22(1): 83-105.

［72］Barra V，Biasotti S. 3D shape retrieval using kernels on extended Reeb graphs[J]. Pattern Recognition，2013，46(11): 2985-2999.

［73］Bayramoglu N，Alatan A A. Shape Index SIFT: Range Image Recognition Using Local Features[C]. International Conference on Pattern Recognition，IEEE Computer Society,2010，352-355.

［74］Li B，Johan H. 3D model retrieval using hybrid features and class information[J]. Multimedia tools and applications，2013，62(3): 821-846.

［75］Li B，Lu Y，Li C，et al. A comparison of 3D shape retrieval methods based on a large-scale benchmark supporting multimodal queries[J]. Computer Vision and Image Understanding，2015，131(C): 1-27.

［76］Guo Y，Bennamoun M，Sohel F，et al. A comprehensive performance evaluation of 3D local feature descriptors[J]. International Journal of Computer Vision，2016，116(1): 66-89.

［77］Petrelli A，Stefano L D. On the repeatability of the local reference frame for partial shape matching[J]. 2011，24(4): 2244-2251.

[78] Lei Y，Bennamoun M，Hayat M，et al. An efficient 3D face recognition approach using local geometrical signatures[J]. Pattern Recognition，2014，47(2): 509-524.

[79] Mian A S，Bennamoun M，Owens R A. A novel representation and feature matching algorithm for automatic pairwise registration of range images[J]. International Journal of Computer Vision，2006，66(1): 19-40.

[80] Guo Y，Sohel F，Bennamoun M，et al. An accurate and robust range image registration algorithm for 3D object modeling[J]. IEEE Transactions on Multimedia，2014，16(5): 1377-1390.

[81] Bronstein A M，Bronstein M M，Guibas L J，et al. Shape google: Geometric words and expressions for invariant shape retrieval[J]. ACM Transactions on Graphics，2011，30(1): 1-20.

[82] Savelonas M A，Pratikakis I，Sfikas K. Fisher encoding of differential fast point feature histograms for partial 3D object retrieval[J]. Pattern Recognition，2016，55(C): 114-124.

[83] Shang L，Greenspan M. Real-time object recognition in sparse range images using error surface embedding[J]. International Journal of Computer Vision，2010，89(2-3): 211-228.

[84] Lai K，Bo L，Ren X，et al. A Scalable Tree-Based Approach for Joint Object and Pose Recognition[C]. AAAI Conference on Artificial Intelligence，AAAI Press,2011，1474-1480.

[85] Stein F，Medioni G. Structural indexing: efficient 3-D object recognition[J]. IEEE Trans on Pami，1992，14(2): 125-145.

[86] Hetzel G，Leibe B，Levi P，et al. 3D Object Recognition from Range Images using Local Feature Histograms[C]. Computer Vision and Pattern Recognition，2001. CVPR 2001. Proceedings of the 2001 IEEE Computer Society Conference on. IEEE，2003: Ⅱ-394-Ⅱ-399 vol.2.

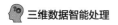

［87］ Yamany S M，Farag A A. Surface signatures: an orientation independent free-form surface representation scheme for the purpose of objects registration and matching[J]. IEEE Transactions on Pattern Analysis & Machine Intelligence，2002，24(8): 1105-1120.

［88］ Chen H，Bhanu B. 3D free-form object recognition in range images using local surface patches[J]. Pattern Recognition Letters，2007，28(10): 1252-1262.

［89］ Flint A，Dick A，Hengel A V D. Thrift: Local 3D Structure Recognition[C]. Digital Image Computing Techniques and Applications，Biennial Conference of the Australian Pattern Recognition Society on. IEEE，2007: 182-188.

［90］ Taati B，Bondy M，Jasiobedzki P，et al. Variable Dimensional Local Shape Descriptors for Object Recognition in Range Data[C]. IEEE，International Conference on Computer Vision. IEEE，2007: 1-8.

［91］ Bronstein M M. Intrinsic shape context descriptors for deformable shapes[C]. Computer Vision and Pattern Recognition. IEEE，2012: 159-166.

［92］ Zhong Y. Intrinsic shape signatures: A shape descriptor for 3D object recognition[C]. IEEE，International Conference on Computer Vision Workshops. IEEE，2010: 689-696.

［93］ Tombari F，Salti S，Stefano L D. Unique Signatures of Histograms for Local Surface Description[J]. Lecture Notes in Computer Science，2010，6313: 356-369.

［94］ Tangelder J W H，Veltkamp R C. A survey of content based 3D shape retrieval methods[J]. Multimedia tools and applications，2008，39(3): 441-471.

［95］ Li B，Godil A，Aono M，et al. SHREC' 12 track: generic 3D shape retrieval[C]. Eurographics Conference on 3d Object Retrieval，Eurographics Association,2012: 119-126.

［96］ Lian Z，Godil A，Sun X，et al. CM-BOF: visual similarity-based 3D shape retrieval using Clock Matching and Bag-of-Features[J]. Machine vision and applications，2013，24(8): 1685-1704.

［97］ Chen D，Tian X，Shen Y，et al. On Visual Similarity Based 3D Model Retrieval[C]. Computer Graphics Forum，2003: 223-232.

［98］ Vranic D V. DESIRE: a composite 3D-shape descriptor[C]. IEEE International Conference on Multimedia and Expo. IEEE，2005: 962-965.

［99］ Papadakis P，Pratikakis I，Theoharis T，et al. PANORAMA: A 3D shape descriptor based on panoramic views for unsupervised 3D object retrieval[J]. International Journal of Computer Vision，2010，89(2-3): 177-192.

［100］ Hejazi M R，Ho Y S. A Hierarchical Approach to Rotation-Invariant Texture Feature Extraction Based on Radon Transform Parameters [C]. IEEE International Conference on Image Processing. IEEE，2006: 1469-1472.

［101］ Lucas L，Loscos C，Remion Y. 3D Model Retrieval[M]. 3D Video. John Wiley & Sons，Inc，2013，347-368.

［102］ Novotni M，Klein R. Shape retrieval using 3D Zernike descriptors[J]. Computer-Aided Design，2004，36(11): 1047-1062.

［103］ Ricard J，Coeurjolly D，Baskurt A. ART Extension for Description, Indexing and Retrieval of a 3D Objects[C]. International Conference on Pattern Recognition，2004，79-82.

［104］ Bakkari A，Fabijanska A. Segmentation of cerebrospinal fluid from 3D CT brain scans using modified Fuzzy C-Means based on super-voxels[C]. Computer Science and Information Systems. IEEE，2015，809-818.

［105］ Bakkari A，Fabija ń ska A. Features Determination from Super-Voxels Obtained with Relative Linear Interactive Clustering[J]. Image

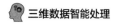

Processing & Communications，2016，21(3): 69-79.

[106] Fabijań ska A，Goc awski J. An application of the supervoxel-based Fuzzy C-Means with a GPU support to segmentation of volumetric brain images[C]. Computer Science and Information Systems. IEEE，2016.

[107] Cui Q，Qiang Z，Zhao J，et al. A 3D segmentation method for pulmonary nodule image sequences based on supervoxels and multimodal data[J]. International Journal of Performability Engineering，2017，13(5): 682-696.

[108] Xu Y，Yao W，Tuttas S，et al. Unsupervised Segmentation of Point Clouds From Buildings Using Hierarchical Clustering Based on Gestalt Principles[J]. IEEE Journal of Selected Topics in Applied Earth Observations & Remote Sensing，2018，PP(99): 1-17.

[109] Xu Y，Tuttas S，Stilla U. Segmentation of 3D outdoor scenes using hierarchical clustering structure and perceptual grouping laws[C]. Pattern Recogniton in Remote Sensing. IEEE，2017.

[110] Xu Y，Hoegner L，Tuttas S，et al. Voxel- and Graph-Based Point Cloud Segmentation of 3d Scenes Using Perceptual Grouping Laws[J]. 2017，IV-1/W1: 43-50.

[111] Verdoja F，Thomas D，Sugimoto A. Fast 3D point cloud segmentation using supervoxels with geometry and color for 3D scene understanding[C]. IEEE International Conference on Multimedia and Expo. IEEE，2017: 1285-1290.

[112] Ohbuchi R，Furuya T. Distance metric learning and feature combination for shape-based 3D model retrieval[C]. Proceedings of the ACM workshop on 3D object retrieval，2010: 63-68.

[113] Lavoué G. Combination of bag-of-words descriptors for robust partial shape retrieval[J]. The Visual Computer，2012，28(9): 931-942.

[114] Du C Leng B，Guo S，et al. A powerful 3D model classification

mechanism based on fusing multi-graph[J]. Neurocomputing, 2015, 168: 761-769.

[115] Szilágyi L, Szilágyi S M, Benyó Z. A Modified Fuzzy C-Means Algorithm for MR Brain Image Segmentation[C]. Image Analysis and Recognition, International Conference, Iciar 2007, Montreal, Canada, August 22-24, 2007: 866-877.

[116] Lee L K, Liew S C, Weng J T. A Review of Image Segmentation Methodologies in Medical Image[M]. Advanced Computer and Communication Engineering Technology. Springer International Publishing, 2015.

[117] Irving B, Cifor A, Papie B W, et al. Automated Colorectal Tumour Segmentation in DCE-MRI Using Supervoxel Neighbourhood Contrast Characteristics[C]. International Conference on Medical Image Computing & Computer-assisted Intervention, 2014, 609-616.

[118] Kanade P B, Gumaste P P. Brain Tumor Detection Using MRI Images[J]. International Journal of Innovative Research in Electrical, Electronics, Instrumentation and Control Engineering, 2015(3): 146-150.

[119] Hata Y, Kobashi S, Hirano S, et al. Automated segmentation of human brain MR images aided by fuzzy information granulation and fuzzy inference[J]. IEEE Transactions on Systems Man & Cybernetics Part C, 2000, 30(3): 381-395.

[120] Kobashi S, Fujiki Y, Matsui M, et al. Interactive segmentation of the cerebral lobes with fuzzy inference in 3T MR images[J]. IEEE Transactions on Systems Man & Cybernetics Part B, 2006, 36(1): 74-86.

[121] Bezdek J C. Pattern Recognition with Fuzzy Objective Function Algorithms[M]. Plenum Press, 1981.

[122] Abdullah A, Hirayama A, Yatsushiro S, et al. Cerebrospinal

fluid pulsatile segmentation - a review[C]. Biomedical Engineering International Conference. IEEE: 2013: 1-7.

[123] Abdullah A, Hirayama A, Yatsushiro S, et al. Cerebrospinal fluid image segmentation using spatial fuzzy clustering method with improved evolutionary Expectation Maximization[C]. International Conference of the IEEE Engineering in Medicine & Biology Society. Conf Proc IEEE Eng Med Biol Soc, 2013: 3359-3362.

[124] Dunn J C. A fuzzy relative of the ISODATA Process and Its Use in Detecting Compact Well-Separated Clusters[J]. Journal of Cybernetics, 1973, 3(3): 32-57.

[125] Tolias Y A, Panas S M. On applying spatial constraints in fuzzy image clustering using a fuzzy rule-based system[J]. IEEE Signal Processing Letters, 1998, 5(10): 245-247.

[126] G. Aubert, P. Kornprobst. Mathematical problems in image processing: partial differential equations and the calculus of variations[J]. Springer-Verlag New York Inc, 2006.

[127] Shen P, Li C. Local Feature Extraction and Information Bottleneck-Based Segmentation of Brain Magnetic Resonance (MR) Images[J]. Entropy, 2013, 15(8): 3205-3218.

[128] Liew A W C, Leung S H, Lau W H. Fuzzy image clustering incorporating spatial continuity[J]. Vision, Image and Signal Processing, IEE Proceedings, 2000, 147(2): 185-192.

[129] Khotanlou H, Colliot O, Atif J, et al. 3D brain tumor segmentation in MRI using fuzzy classification, symmetry analysis and spatially constrained deformable models[J]. Fuzzy Sets & Systems, 2009, 160(10): 1457-1473.

[130] Wang Yu, Chen Qian, Zhang Baomin. Image enhancement based on equal area dualistic sub-image histogram equalization method[J]. IEEE Transactions on Consumer Electronics, 1999, 45(1): 68-75.

[131] X. Ren, J. Malik. Learning a Classification Model for Segmentation[C]. in Proceedings of the Ninth IEEE International Conference on Computer Vision (ICCV) Washington DC, USA, 2003, 10.

[132] Gu G, Zhao Y. Scene classification based on spatial pyramid representation by superpixel lattices and contextual visual features[J]. Optical Engineering, 2012, 51(1): 7201-7209.

[133] Hammoudi A A, Li F, Gao L, et al. Automated Nuclear Segmentation of Coherent Anti-stokes Raman Scattering Microscopy Images by Coupling Superpixel Context Information with Artificial Neural Networks[C]. in Proceedings of the Second International Conference on Machine Learning in Medical Imaging (MLMI), Toronto,Canada: 2011, 317-325.

[134] Liu M YT, Uzel O, Ramalingam S, et al. Entropy rate superpixel segmentation[C]. Computer Vision and Pattern Recognition. IEEE, 2011: 2097-2104.

[135] Moore A P, Prince S J D, Warrell J, et al. Superpixel lattices[C]. Computer Vision and Pattern Recognition, 2008. CVPR 2008. IEEE Conference on. IEEE, 2008: 1-8.

[136] Chu J, Min H, Liu L, et al. A novel computer aided breast mass detection scheme based on morphological enhancement and SLIC superpixel segmentation[J]. Medical Physics, 2015, 42(7): 3859-3869.

[137] Chen Y W, Furukawa A, Taniguchi A, et al. Automated assessment of small bowel motility function based on simple linear iterative clustering (SLIC)[C]. International Conference on Fuzzy Systems and Knowledge Discovery. IEEE, 2016, 1737-1740.

[138] Fang R, Lu Y, Liu X, et al. Segmentation of brain MR images using an adaptively regularized kernel FCM algorithm with spatial

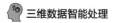

constraints[C]. International Congress on Image and Signal Processing, Biomedical Engineering and Informatics，2017，1-6.

[139] Vovk U，Pernus F，Likar B. A Review of Methods for Correction of Intensity Inhomogeneity in MRI[J]. IEEE Transactions on Medical Imaging，2007，26(3): 405-421.

[140] Liew W C，Yan H. An adaptive spatial fuzzy clustering algorithm for 3-D MR image segmentation[J]. Medical Imaging IEEE Transactions on，2003，22(9): 1063-1075.

[141] CUI H，WANG X，ZHOU J，et al. Topology polymorphism graph for lung tumor segmentation in PET-CT images[J]. Phys Med Biol，2015，60(12): 4893-4914.

[142] Fu H，Cao X，Tang D，et al. Regularity preserved superpixels and supervoxels[J]. IEEE Transactions on Multimedia，2014，16(4): 1165-1175.

[143] Deng Y，Ren Z，Kong Y，et al. A hierarchical fused fuzzy deep neural network for data classification[J]. IEEE Trans. Fuzzy Syst，2017，25(4): 1006-1012.

[144] C González Delgado. Features for 3D Object Retrieval[D]. Spain: UPC，2016.

[145] Chua C S，Jarvis R. Point Signatures: A New Representation for 3D Object Recognition[J]. International Journal of Computer Vision，1997，25(1): 63-85.

[146] Mian A，Bennamoun M，Owens R. On the Repeatability and Quality of Keypoints for Local Feature-based 3D Object Retrieval from Cluttered Scenes[J]. International Journal of Computer Vision，2010，89(2-3): 348-361.

[147] Johnson A E，Hebert M. Surface matching for object recognition in complex three-dimensional scenes[J]. Image & Vision Computing，1998，16(9-10): 635-651.

［148］ Johnson A E，Hebert M. Using Spin Images for Efficient Object Recognition in Cluttered 3D Scenes[J]. Transactions on Pattern Analysis & Machine Intelligence，2002，21(5): 433-449.

［149］ Sun Y，Abidi M A. Surface matching by 3D point's fingerprint[C]. Computer Vision，2001. ICCV 2001. Proceedings. Eighth IEEE International Conference on，IEEE,2001: 263-269.

［150］ Mian A S，Bennamoun M，Owens R. Three-Dimensional Model-Based Object Recognition and Segmentation in Cluttered Scenes[J]. IEEE Transactions on Pattern Analysis & Machine Intelligence，2006，28(10): 1584-1601.

［151］ Novatnack J，Nishino K. Scale-Dependent/Invariant Local 3D Shape Descriptors for Fully Automatic Registration of Multiple Sets of Range Images[C]. European Conference on Computer Vision. Springer-Verlag，2008: 440-453.

［152］ Rusu R B，Blodow N，Marton Z C，et al. Aligning point cloud views using persistent feature histograms[C]. Ieee/rsj International Conference on Intelligent Robots and Systems. IEEE，2008: 3384-3391.

［153］ Rusu R B，Blodow N，Beetz M. Fast Point Feature Histograms (FPFH) for 3D registration[C]. IEEE International Conference on Robotics and Automation，IEEE Press,2009，1848-1853.

［154］ Zaharescu A，Boyer E，Horaud R. Keypoints and Local Descriptors of Scalar Functions on 2D Manifolds[J]. International Journal of Computer Vision，2012，100(1): 78-98.

［155］ Sun J，Ovsjanikov M，Guibas L. A Concise and Provably Informative Multi-Scale Signature Based on Heat Diffusion[J]. Computer Graphics Forum，2010，28(5): 1383-1392.

［156］ Tombari F，Salti S，Stefano L D. Performance Evaluation of 3D Keypoint Detectors[J]. International Journal of Computer Vision，

2013，102(1-3): 198-220.

[157] Kaufman A，Cohen D，Yagel R. Volume graphics[J]. IEEE Computer，1993, 26(7): 51-64.

[158] Huang J，Yagel R，Kurzion Y. An Accurate Method To Voxelize Polygonal Meshes[C]. Volume Visualization，IEEE Symposium on. IEEE，1998: 119 - 126.

[159] Oomes S，Snoeren P，Dijkstra T. 3D Shape Representation: Transforming Polygons into Voxels[C]. International Conference on Scale-Space Theory in Computer Vision. Springer-Verlag，1997: 349-352.

[160] T. Hackel，J. D. Wegner，K. Schindler. Contour Detection in Unstructured 3D Point Clouds[C]. in Proc. CVPR 2016，2016，1610-1618.

[161] Y. T. Su，J. Bethel，S. Hu. Octree-based segmentation for terrestrial LiDAR point cloud data in industrial applications[J]. ISPRS J. Photogramm.Remote Sens，2016，113: 59-74.

[162] Achanta R，Shaji A，Smith K，et al. SLIC Superpixels Compared to State-of-the-Art Superpixel Methods[J]. IEEE Transactions On Pattern Analysis And Machine Intelligence，2012，34(11): 2274-2281.

[163] Guo Y，Sohel F，Bennamoun M. TriSI: A Distinctive Local Surface Descriptor for 3D Modeling and Object Recognition[C]. International Conference on Computer Graphics Theory and Applications，2013.

[164] Lin C H，Chen J Y，Su P L. Eigen-feature analysis of weighted covariance matrices for LiDAR point cloud classification[J]. Isprs Journal of Photogrammetry & Remote Sensing，2014，94(94): 70-79.

[165] Bro R，Acar E，Kolda T G. Resolving the sign ambiguity in the singular value decomposition[J]. Journal of Chemometrics，2008，22(2): 135-140.

[166] Salti S, Tombari F, Stefano L D. SHOT: Unique signatures of histograms for surface and texture description [J]. Computer Vision & Image Understanding, 2014, 125(8): 251-264.

[167] Richtsfeld A, Prankl J, Zillich M, et al. Learning of perceptual grouping for object segmentation on RGB-D data[J]. Journal of Visual Communication & Image Representation, 2014, 25(1): 64-73.

[168] Brooks J L. Traditional and new principles of perceptual grouping[J]. Oxford Handbook of Perceptual Organization Oxford University Press, 2015.

[169] Weinmann M, Jutzi B, Hinz S, et al. Semantic point cloud interpretation based on optimal neighborhoods, relevant features and efficient classifiers[J]. Isprs Journal of Photogrammetry & Remote Sensing, 2015, 105: 286-304.

[170] Awrangjeb M, Fraser C S. Automatic Segmentation of Raw LIDAR Data for Extraction of Building Roofs[J]. Remote Sensing, 2014, 6(5): 3716-3751.

[171] Stein S C, Schoeler M, Papon J, et al. Object Partitioning Using Local Convexity[C]. Computer Vision and Pattern Recognition. IEEE, 2014, 304-311.

[172] Richtsfeld A, Mörwald T, Prankl J, et al. Segmentation of unknown objects in indoor environments[C]. Ieee/rsj International Conference on Intelligent Robots and Systems. IEEE, 2012, 4791-4796.

[173] Ioannou Y, Taati B, Harrap R, et al. Difference of Normals as a Multi-Scale Operator in Unorganized Point Clouds[C]. In: Proceedings of the Second International Conference on 3D Imaging, Modeling, Processing, Visualization & Transmission, 3DIMPVT '12, IEEE Computer Society, Washington DC, USA: 2012, 501-508.

[174] Guo C, Zhang L. A novel multiresolution spatiotemporal saliency detection model and its applications in image and video

compression[J]. Oncogen，1988，3(5): 523-529.

[175] Ma L，Li S，Zhang F，et al. Reduced-Reference Image Quality Assessment Using Reorganized DCT-Based Image Representation[J]. IEEE Transactions on Multimedia，2011，13(4): 824-829.

[176] Ma L，Lin W，Deng C，et al. Image Retargeting Quality Assessment: A Study of Subjective Scores and Objective Metrics[J]. IEEE Journal of Selected Topics in Signal Processing，2012，6(6): 626-639.

[177] Fang Y，Chen Z，Lin W，et al. Saliency Detection in the Compressed Domain for Adaptive Image Retargeting[J]. IEEE Transactions on Image Processing，2012，21(9): 3888-3901.

[178] Fang Y，Lin W，Chen Z，et al. A Video Saliency Detection Model in Compressed Domain[J]. IEEE Transactions on Circuits & Systems for Video Technology，2014，24(1): 27-38.

[179] Zhang J，Han Y，Jiang J. Tensor rank selection for multimedia analysis[J]. Journal of Visual Communication & Image Representation，2015，30(C): 376-392.

[180] Song X，Zhang J，Han Y，et al. Semi-supervised feature selection via hierarchical regression for web image classification[J]. Multimedia Systems，2016，22(1): 41-49.

[181] Itti L，Koch C，Niebur E. A Model of Saliency-Based Visual Attention for Rapid Scene Analysis[M]. IEEE Computer Society，1998.

[182] Fang Y，Wang J，Narwaria M，et al. Saliency detection for stereoscopic images[J]. IEEE Transactions on Image Processing，2014，23(6): 2625-2636.

[183] Qi F，Zhao D，Liu S，et al. 3D visual saliency detection model with generated disparity map[J]. Multimedia Tools & Applications，2017，76(2): 3087-3103.

［184］ Li G，Yu Y. Visual saliency based on multiscale deep features[C]. Computer Vision and Pattern Recognition. IEEE，2015: 5455–5463.

［185］ Imamoglu N，Lin W，Fang Y. A Saliency Detection Model Using Low–Level Features Based on Wavelet Transform[J]. IEEE Transactions on Multimedia，2012，15(1): 96–105.

［186］ Mayrand M，Lina J M. Complex Daubechies Wavelets[J]. Applied and Computational Harmonic Analysis，1995，2(3): 219–229.

［187］ Zhang J，Sclaroff S，Lin Z. Minimum Barrier Salient Object Detection at 80 FPS[C]. IEEE International Conference on Computer Vision，IEEE Computer Society,2015: 1404–1412.

［188］ Zhu W，Liang S，Wei Y. Saliency Optimization from Robust Background Detection[C]. IEEE Conference on Computer Vision and Pattern Recognition，IEEE Computer Society,2014: 2814–2821.

［189］ Zhang Q，Wang X，Jiang J. Deep Learning Features Inspired Saliency Detection of 3D Images[C]. Pacific Rim Conference on Multimedia，Cham: Springer,2016: 580–589.

［190］ Wang J，Silva M P D，Callet P L，et al. Computational Model of Stereoscopic 3D Visual Saliency[J]. IEEE Transactionson Image Processing，2013，22(6): 2151–2165.

［191］ Wang J，Fang Y，Narwaria M，et al. Saliency Detection for Stereoscopic Images[J]. IEEE Transactions on Image Processing，2014，23(6): 2625–2636.

［192］ Sharma G，Wu W，Dalal E N. The CIEDE2000 color–difference formula: Implementation notes，supplementary test data，and mathematical observations[J]. Color Research & Application，2010，30(1): 21–30.

［193］ Silberman N，Hoiem D，Kohli P. Indoor Segmentation and Support Inference from RGBD Images[C]. European Conference on Computer Vision，Berlin，Heidelberg: Springer,2012: 746–760.

［194］ Song S, Lichtenberg SP, Xiao J. SUN RGB-D: A RGB-D scene understanding benchmark suite[C]. Proceedings of the 2015 IEEE Conference on Computer Vision and Pattern Recognition.Piscataway, NJ: IEEE,2015: 567-576.

［195］ Unnikrishnan R, Pantofaru C, Hebert M. Toward Objective Evaluation of Image Segmentation Algorithms[J]. IEEE Transactions on Pattern Analysis & Machine Intelligence, 2007, 29(6): 929-944.

［196］ Unnikrishnan R, Pantofaru C, Hebert M. A Measure for Objective Evaluation of Image Segmentation Algorithms[C]. IEEE Computer Society Conference on Computer Vision and Pattern Recognition. IEEE Computer Society, 2005, 34.

［197］ Freixenet J, Muñoz X, Raba D, et al. Yet Another Survey on Image Segmentation: Region and Boundary Information Integration[C]. Computer Vision - ECCV 2002, European Conference on Computer Vision, Copenhagen, Denmark, May 28-31, 2002, Proceedings, 2002: 408-422.

［198］ Holz D,`Behnke S. Fast Range Image Segmentation and Smoothing Using Approximate Surface Reconstruction and Region Growing[C]. International Conference on Intelligent Autonomous Systems, 2013: 61-73.